2018教育部人文社会科学研究青年项目
“我国明清竹家具的设计美学研究”
最终成果（18YJC760047）

明清竹家具的设计美学

林峰 著

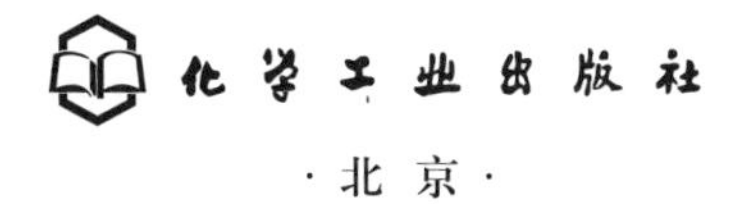

化学工业出版社

·北京·

内容简介

中国是最早开发和利用竹材的国家之一，竹子在人们的生活中占有重要地位。明清时期是中国家具发展的巅峰时期，竹家具作为中国家具艺术与竹文化的结晶，在明清时期形成了独特的造物观和美学内涵。本书从设计美学的视角，分别对我国明清时期竹家具的形式之美、艺术之美、技术之美、功能之美、文化之美、生态之美进行系统的阐述和研究。书中的研究成果可为今后从事此项研究的人提供相关图像参考和理论依据。

本书作者拥有多年教学经验，对竹木家具有着深入的研究和独特理解。本书是一本适合工业设计、环境艺术设计等专业的师生，以及对中国传统家具感兴趣的读者和收藏爱好者阅读的书籍。

图书在版编目（CIP）数据

明清竹家具的设计美学 / 林峰著. — 北京：化学工业出版社, 2021.3

ISBN 978-7-122-38585-7

Ⅰ. ①明… Ⅱ. ①林… Ⅲ. ①竹家具 - 设计 - 艺术美学 - 中国 - 明清时代 Ⅳ. ①TS664.201

中国版本图书馆CIP数据核字(2021)第032843号

责任编辑：吕梦瑶　　　　装帧设计：金　金

责任校对：刘　颖

出版发行：化学工业出版社（北京市东城区青年湖南街 13 号　邮政编码 100011）

印　　装：大厂聚鑫印刷有限责任公司

710mm × 1000mm　1/16　印张 12¾　字数 300 千字　2021 年 3 月北京第 1 版第 1 次印刷

购书咨询：010-64518888　售后服务：010-64518899

网　　址：http：//www.cip.com.cn

凡购买本书，如有缺损质量问题，本社销售中心负责调换。

定　　价：78.00 元

序

中国人对竹子有着特殊的情感，竹作为一种文化的载体，不仅是一种居所的喜物，还是一种精神的象征和心灵的寄托。“可使食无肉，不可居无竹”，这句话是中国人嗜竹如痴的真实写照。“猗猗修竹，不卉不蔓”，常绿常新，不染于物，濯之愈新，耀之愈明。竹有四境：纯洁、虚怀、守节、持贞。一纯一虚，一守一持，包含了无尽的变化之道。在中国古代，文人墨客争相与竹为邻，以竹为友，他们将竹的素雅幻化成自己的风雅，将竹的气节比德成自己的品格和胸怀。清代的文人郑板桥平生只画“梅、兰、竹”，其一生刚正不阿、清风傲骨，如青竹般劲挺，如兰花般高洁，并写下了千古传唱的诗句“千磨万击还坚韧，任尔东西南北风”。从中国人与竹相伴相居的现象到竹的人格化倾向，再到竹成为人格化的可感可见的载体，竹孕育了一个民族疏影清魂、持贞守节的文化品质，并形成了一个天人相合的、隐秘的文化通道。

中国是世界上最早制作和使用竹家具，并发展和完善了竹家具体系的国家。对于传统竹家具的研究是为了传承和发扬中国的传统竹文化，使中国的当代竹家具设计更加本土化和民族化，增强中华民族的文化自信。本书是作者在教育部人文社科青年基金项目中的研究成果之一。书中利用现代设计美学的原理对中国传统竹家具进行系统的研究，目前该方向的研究在中国还是空白。因此，本书是一个广泛意义上的对设计美学与竹家具研究的新尝试。作者从设计美学的视角，以明清时期竹家具的形式、艺术、功能、技术、生态、文化等特征为研究线索，对中国明清时期竹家具在设计上的美学内涵进行了全面的分析。得出中国明清时期竹家具“曲直相依、简约素雅”的形式之美；“工巧材美、独具匠心”的艺术之美；“经验相继、代代相传”的技术之美；“开物成务、道技合一”的功能之美；“竹木相适、中西共赏”的文化之美；“经世致用、兼容并蓄”的生态之美等研究观点，让人耳目一新。这是对明清时期竹家具设计美学的系统研究。这样的研究对于重塑中国传统竹家具的文化内涵和美学价值具有特别积极的意义。

期望这本书的出版能让更多的人喜爱和关注中国传统竹家具。

宋魁彦

东北林业大学教授、博士生导师

2020 年 9 月

前言

中国是最早开发和利用竹材的国家之一，从古至今竹子就一直伴随着人们的衣食住行。竹子刚柔相济、宁折不弯，作为一种文化的载体，象征着中华民族生生不息、刚正不阿、朴实无华、高风亮节的品质和风貌。在古代更是有“可使食无肉，不可居无竹”的诗句，说明竹子在人们生活中的重要地位。也正因为如此，全面系统地挖掘和研究“以竹造物”的传统竹家具文化和设计美学规律，具有传播和继承中国传统竹文化和家具文化的双重意义。

一、理论应用价值

首先，本书所运用的相关研究方法及所研究的内容对于中国现代竹家具的“本土化”创新设计和审美价值的研究，以及对其他竹产品在设计美学领域的研究都有很好的方法论上的借鉴意义。目前，中国竹家具以及一些竹产品的设计受西方设计思潮的影响有全盘西化的倾向，在造型上失去了中国本土竹家具的传统韵味，这种现象造成了传统文化和美学价值的丢失，一个国家的产品如果在设计上失去了其内在的美学底蕴和文化内涵，这样的产品同样也不会被世界认可，“只有民族的，才是世界的”。其次，本书将着重分析和探究与中国明清竹家具相关的中国传统竹文化、传统造物哲学思想以及传统审美艺术文化，并将其转化为具有中国本土特色的设计美学语境下的设计艺术语言，实现中国竹家具在设计思维上由“中国制造”向“中国创造”的观念转变。最后，本书对于明清竹家具的人文内涵及设计美学思想的研究有利于中国传统设计美学思想的传承和发展，同时也有利于中国传统设计美学思想在国际舞台的传播，可以更好地促进中外学术交流。

二、实际应用价值

首先，本书的研究成果传承和发展了中国明清竹家具的设计美学内涵和设计理念，对中国本土竹家具设计产品在世界大市场中脱颖而出，以及对增加竹家具产品的审美价值、提升竹家具产业民族文化自信提供了借鉴和指导意义。其次，本书对中国明清竹家具的材质、结构、工艺、造型、色彩等设计美学内容进行归纳总结、分析研究，为中国竹家具企业进行现代新中式竹家具的创新设计提供相关数据支持和理论参考，具有较大的应用空间和可观的经济效益。

目前，中国关于传统竹家具设计美学方面的研究几乎还是空白，这不仅是中国传统竹家具行业的遗憾，对于中国传统工艺文化的传承来说也是一种损失。笔者在写作的时候，采访过许多民间制作竹家具的老匠人，他们几乎都会提到一个问题：传统竹家具工艺面临着失传和后继无人的尴尬境地。因此，本书的写作目的主要是为了复兴中国传统竹家具文化，传承竹家具的制作工艺，重塑中国传统竹家具的文化内涵和美学价值，具体研究目的有以下三点。

1. 重塑传统竹家具的美学价值

目前，对于中国的设计人员来说仅有较少的一部分人涉猎竹家具领域，更多的人对于传统竹家具的认知几乎还是空白，导致许多设计人员无法认识和理解竹家具的文化内涵和设计之美。对于消费者来说更是无法欣赏和领悟竹家具的设计魅力，这是既遗憾又尴尬的事情，但这确实是现阶段竹家具产品所面临的窘境。此时，重塑传统竹家具的美学价值以及普及对传统竹家具的美学认知就显得十分迫切，这对于重振中国的竹家具制造产业，传承竹家具传统工艺以及树立文化自信都有着十分重要的意义。因此，本书将利用现代设计美学原理对中国明清竹家具的造型、结构、装饰、工艺等设计元素进行分析和研究，得出中国明清竹家具在设计美学上的文化内涵和审美规律，让更多设计专家和设计从业人员参与到传统竹家具的美学研究中，本书的研究成果也为今后从事此项研究的人提供相关的图像参考和理论依据。

2. 构建明清竹家具的设计美学理论体系

中国传统造物艺术在经历了几千年的发展和演进后，形成了很多彼此关联同时又自成体系的文化形式，如玉器文化、陶瓷文化、丝绸文化、竹文化等。而竹文化的一个重要载体就是竹家具，竹家具中尤以明清竹家具最能深刻反映这种竹文化的内涵，形成独特的竹文化美学。本书研究的第二个目的是深入探究中国明清竹家具中所蕴含的中国竹文化思想、中国古代设计美学思想、传统造物哲学等人文信息，分析并得出其对于中国明清竹家具在设计美学观念的形成上所产生的作用和影响，将其归纳整理成科学、系统、完整的竹家具审美理论体系。

3. 为现代竹家具的发展提供设计美学上的启示

明清竹家具是中国农耕文明的主要物质载体之一，在发展变化的过程中，其美学价值和文化内涵也在发生着改变。中国著名的设计学专家柳冠中先生曾经在其著作《事理学方法论》中说过："人类造物文明的进化过程是先有事后有物，人为事物在不同的历史时期，其基本本质是一样的。"在社会的发展变化中，竹家具的产生和发展受到社会文化、政治经济、民族地域等各方面的影响，其造物形态的变化也存在着一定的设计规律。如今，用传统手工艺制作的竹家具渐渐失去了往日的优势，慢慢淡出了人们的视野。

本书想要通过研究中国竹家具繁盛时期——明清时期竹家具的各种设计美学特征，总结明清竹家具在设计美学上的规律，对明清竹家具设计美学各要素进行分类研究，以及通过统计得出相关数据，将其科学化、系统化，为中国竹家具企业在新中式竹家具产品的创新和研发上提供设计启示和数据支持。

林峰
2020 年 10 日

目录

第一章 | **绪论**

第一节　明清竹家具设计美学的研究现状

目前，中国有关竹家具的研究主要以现代竹家具产品为主，例如竹材的利用与开发、现代竹家具的造型特点、现代竹家具的制作工艺和结构特征等。对于明清竹家具和传统竹家具的研究相对较少，关于明清竹家具的设计美学方面的研究成果仅见于论文形式，未见有关于此研究的著作出版。其中李德君发表的《论明清竹家具设计之美》《中国明清竹家具艺术分析》《中国传统竹藤家具的设计美学》这三篇文章对明清竹家具的设计美学和艺术特点做了简要的阐述和分析，并没有进行完整、科学、系统的理论研究。对于明清竹家具设计美学的国内研究现状可以从两方面进行阐释和分析。

一、国内研究现状的分析

1. 关于明清竹家具以及传统竹家具的研究现状

现阶段，国内大多数关于明清竹家具以及传统竹家具的研究仅限于案例分析、地方竹家具特征研究和简单的文化上的阐述。例如，方海发表的论文《东竹西渐：明清时期中西方竹家具案例比较研究》从明清时期欧洲竹家具的“中国风”切入，对17~19世纪中国和西方的竹家具展开研究。也有关于地方传统竹家具的研究案例，例如，冯怡的硕士论文《四川传统竹家具研究》，林立平和黄圣游的《滇西南少数民族的竹家具文化》，张宗登的《湘西民俗竹家具的特征探析》等，对全国各地区的传统竹家具的造型、结构及艺术特征做了简要的研究。也有一些学者对于传统竹家具的文化做了相关的研究，例如，何晓琴的论文《中国传统竹家具的文化特征》等，从竹文化的角度对中国传统竹家具的文化特征进行了分析研究。除此之外，关于明清竹家具的研究仅限于在其他研究中一带而过，缺乏详细、完整、严谨的研究成果。

2. 关于设计美学方面的研究现状

国内在设计美学方面的研究成果比较丰富，关于设计美学研究的著作有：徐恒醇的《设计美学》，这部著作是一部关于设计美学的范畴论；田春、吴卫光的《设计美学》，这部著作指出了设计的视觉美学性质；祁嘉华的《设计美学》，这本专著的一个明显特点就是将设计美放在一个重要的位置，全书结构安排的重心是围绕着设计美展开论述的；张宪荣、张萱的《设计美学》，这部著作的立论角度更多是从工科下面的工业设计方向开展的，因此技术美的论述成为这部著作的内容重点，同时也以此区别于其他设计美学著作；李龙生的《设计美学》，这部著作正是通过浓厚的文艺美学风格显示出设计美学写作追求理论化的特色；章利国的《设计艺术美学》，这部著作对设计美学特色的阐述是从设计与其他知识的关系中见出的，在横向上拓展了设计美学的范围，开阔了设计美学专业建设的视野；刘燕、宋方昊的《设计美学》，该著作论述了20世纪的设计美学范畴及其转型和发展趋势；梁梅所著的《设计美学》从哲学美学的应用出发，选取了从古代到现代最具代表性的设计作品，以时代为线索，从功能和形式等方面分析其审美特征和美学价值，阐释了各个历史时期的设计在美学上的主要特点。

目前，关于设计美学研究的论文数量比较多，按照研究内容的不同可分为三个方面。第一，在设计美学理论研究上。这方面的文章在涉及设计美学的文章中是数量最多的，主要是相对于应用层面上的设计美学而言，是侧重从概念、思想观念以及学科化、专业化建设等层面来谈论的。例如，关于设计美学基础理论的有李砚祖的《论设计美学中的“三美”》，文章中指出设计美学涉及功能之美、科学之美和技术之美；徐晓庚的《设计美学导论》在学科建设层面上指出了设计美学的学科概念、研究对象和研究方法等问题；何晓佑的《设计美学的研究方法——问题导入》以设计师为出发点，从具体的设计问题而不是美学的问题为切入点来研究设计美学；姚君喜的《设计美学的学科定位、研究对象和特点》从设计美学产生的社会背景出发，探讨设计美学的学科定位、研究对象和特点，以期助益于设计美学的学科建设等。第二，在设计美学思想、观念方面的研究上。例如，刘进的《论〈老子〉的设计美学思想》、张红辉的《论老庄的审美思想与设计美学的融合》等，在设计美学思想上进行讨论，比较侧重于从中国古代思想家以及西方理论家那里挖掘相关的话语资源。第三，在论述设计美学观念上，以吴国强的《论共生美学观下的传承与创新》和刘海飒的《当代日本设计中的三种美学观》为代表。

3. 关于现代竹家具以及传统竹文化方面的研究分析

关于现代竹家具的研究资料，如吴智慧的《竹藤家具制造工艺》，这部著作在第一章简单介绍了中国传统竹家具的制作工艺，但并没有进行深入的阐述，后面大部分章节都是关于现代竹家具和藤家具的研究内容。另外，还有关于竹文化方面的研究资料，如中国美术学院的许江教授主编的《中华竹韵》上下卷，对中国的竹文化从艺术的各个领域都进行了全面的总结和分析，可以说是当前关于竹文化研究最全面的文献资料。除此之外，还有王长金主编的《中国竹文化通论》、邹永前所著的《神祇的印痕：中国竹文化释读》等著作，都为本书的研究提供了参考。

二、国外研究现状的分析

现阶段还未见有国外对于明清竹家具设计美学方面的论文或著作等研究成

果，但日本和东南亚的一些国家对于竹器和竹编艺术在设计美学方面已有一定的研究。另外，国外的设计美学思想，例如德国包豪斯的设计美学思想、日本的设计美学理论等都给本书的研究提供了相关借鉴。

综合国内外关于明清竹家具设计美学的研究现状，可以发现国内外众多学者对明清竹家具、设计美学理论等方面做了很多理论和实践研究，并获得了较为丰富的研究成果。但这些研究成果并没有形成完整、科学、系统的指导思想和理论体系。然而，现阶段中国竹家具产业的蓬勃发展急需这种关于竹家具自身的设计美学理论去指导其进行设计和生产。笔者认为明清竹家具设计美学方面的研究成果将对现代竹家具企业的民族文化传承和本土化设计创新提供重要参考，提升中国竹家具产品的传统审美价值及文化内涵，增强在国际家具市场中的竞争力。

第二节　明清竹家具设计美学的概述

由于竹子生长的地缘差异，对于竹类的研究一般仅限于单一学科领域，如植物学领域或经济学领域等。人们通常研究竹子的植物学特性、物理特性以及其作为一种经济农作物的市场开发等方面。而将其作为家具产品，以竹家具的造型、结构、材色、装饰、功能等特征为基点，以传统竹文化为背景，以设计美学为理论依据的研究几乎还是空白。中国现有的关于竹家具的教材或著作中也比较缺乏完整的、具有关联性的有关明清竹家具设计美学的研究成果。因此，本书主要从以下几个方面开展关于明清竹家具设计美学的研究。

首先，收集和整理关于明清竹家具的实物图像资料和文献资料，构建研究明清竹家具的资料库。目前，中国关于传统竹家具的系统研究还比较少，关于传统竹家具的研究资料也十分零散，有论文、会议专辑、少量研究竹器和地方传统竹家具的专著，所涉及的内容大多以竹家具的工艺、结构为主，对于竹家具在设计美学上的研究几乎还是空白。本书在资料收集和整理的过程中，主要从三个方面入手：一是对竹家具实物图像资料的收集；二是对中国古代传世绘画中竹家具的图像资料的收集和考证；三是对于古籍文献中明清时期乃至宋元时期竹家具的文献资料的收集。

其次，通过对文献资料的考证和分析，探究与中国明清竹家具相关的中国传统竹文化、传统造物哲学思想以及传统审美艺术文化，将其转化为在中国本土特色设计美学语境下的设计艺术语言，实现中国竹家具在设计思维上由“中国制造”向“中国创造”的观念转变。竹家具作为民间百姓和文人所用的器物，往往会因为其制造的数量比较多，且使用者多为社会底层的百姓和政治边缘的文人而不为研究者所重视。特别是在现代中国经济快速发展、人民生活日益富足的情况下，许多人都热衷于追逐由现代科技和工业化生产所带来的生活感受，对新兴的材料如玻璃、合金、复合材料等更是青睐有加，在家具的选择上也大多以西方家具为标准。中国传统家具包括木制家具和竹家具已经被人们遗忘了，很多传统家具沦为酒店、饭店或者别墅的摆设，而失去了它们的使用功能。因此，作为学术研究，特别是在文化多样性和民族化发展的今天，我们应该冷静思考，饮水思源。存在的即是合理的，将竹家具文化与现代审美标准相融合，使竹家具再次走进人们的生活之中，让人们真正地感受到竹家具的设计之美，使其在生活中重新扮演重要的角色。

最后，提出竹家具设计振兴的相关思路与策略。明清时期的传统竹家具在形成、发展、变化的过程中，必然吸收了中国传统民俗文化、地域文化和竹文化的营养，也依托了中国古代以农耕文化为主体的社会生活形态背景。地域文化、民俗文化与传统竹家具之间构成了一个互相依存的对应关系。“只有民族的才是世界的”，这不仅是一句口号，如何使今天的竹家具设计发扬光大并走向世界，这是一个值得每一个从事设计工作的人深思的问题。每个时代有其自身的特色，每个时代的人群也有其自身特有的生活方式。明清时期由于其特有的哲学思想、生活形态和审美观念，使竹家具在造型、工艺、技术上的发展也具有鲜明的美学特征，这些特征是生活在这片土地上的人们经过几千年的繁衍而形成的智慧结晶。明清竹家具是通过明清时期人们的审美、文化以及生活方式自然形成的产物，它对我们今天的设计开发和创造有着深远的影响。目前，我们对明清竹家具乃至中国传统竹家具的设计美学思想的归纳和总结还远远不够，缺乏对竹家具设计之美的认识和了解，从而导致在设计中缺少内涵和美学思想的支撑，最终出现许多“四不像”的竹家具产品。

明清竹家具的发展进化方式是一个承接和累进的过程，其具有民族特色、农耕文明的设计文化；器以致用、以人为本的设计原则；顺天应民、独具匠心的设计逻辑；开物成务、道技合一的设计思维；百折不挠、兼收并蓄的设计精神；经世致用、实事求是的设计文脉；经验相继、代代相传的设计伦理。因此，对于明清竹家具设计美学的研究是振兴和重塑中国竹家具文化的关键。通过对明清竹家具设计美学的研究，从传统的竹家具设计美学中汲取精华，使现代竹家具设计更符合当代人的审美需求，使所设计的竹家具产品在满足功能性的同时更具有审美价值与文化内涵，这就是本书研究的一个主要目的。

本书的具体研究内容可分为以下几点：通过对明清竹家具的结构、工艺、形态、装饰和材料等各设计元素的研究，采用学科借鉴的方法，使用设计美学的相关理论及表述形式，分析这些元素所对应的设计美学原理，拟得出明清竹家具在设计上的形式之美、艺术之美、技术之美、功能之美、文化之美和生态之美，从而在审美范畴上形成完整的竹家具设计美学体系，为应用现代设计美学理论研究传统竹家具奠定理论基础。

（1）从形式美的角度

通过对明清竹家具设计结构中形式美的构成进行研究，运用构成学的相关理论，采用学科借鉴的方法，分析明清竹家具在结构设计中的点、线、面构成原理和特点，以及三者相互结合所产生的韵律感、对称感、均衡感等形式美关系，拟得出明清竹家具在设计构成上的形式美特点及设计美学规律。

（2）从艺术美的角度

通过对明清竹家具的造型元素、色彩、肌理、装饰符号等艺术形态的研究，分析其造型形态的曲直变化、材料色彩与肌理、质感之间的微妙关系、装饰图案与构件的尺寸大小及比例关系的美学规律等，拟得出明清竹家具艺术美的普遍规律和一些特例，为现代新中式竹家具的设计创新提供相关素材和原始依据。

（3）从技术美的角度

通过对明清竹家具的连接技术、弯曲技术、装饰工艺等制造技术及传统工艺的挖掘和研究，运用归纳、演绎、综合的研究方法，分析明清竹家具制造技术和传统工艺与其所产生的独特的技术美之间的关系，将其归纳、总结、整理，从而形成完整、系统的关于明清竹家具技术美学的理论体系。

（4）从功能美的角度

通过对明清竹家具的使用功能和审美功能的研究，从功能转化的角度分析明清竹家具的使用价值与审美价值、功能与形式之间的辩证关系。并利用现代产品功能论的“三分法”，从实用、认知、审美三方面去研究明清竹家具的功能之美，从而为提高现代竹家具产品在设计上的审美功能提供相关借鉴和依据。

（5）从文化美的角度

通过对中国明清时期儒家思想、道家思想、礼教规范和风俗文化发展情况的研究，分析中国传统竹文化、传统美学观、传统造物哲学对明清竹家具审美价值所产生的作用和影响，拟得出明清竹家具所具有的人文信息和文化内涵及其所具有的独特审美价值。

（6）从生态美的角度

通过对明清竹家具的艺术生态、技术生态、自然生态和文化生态四个方面的研究，利用生态美学的相关理论，采用学科借鉴的研究方法，分析明清竹家具的侘寂之美、简约之美、原生态之美和象征之美，拟揭示出“人－物－自然”三者和谐共生的生态美学关系，为推动人们对于竹家具生态文化观念的认识、传播生态文明、促进生态文明建设提供正确的导向。

本书采用的研究方法主要包括：文献调研、实物史料相结合、实证研究、学科借鉴、逻辑思辨等多种研究方法。

文献调研是以文献资料、前人的调研成果或者现有的外部资料信息为基础进行研究。中国关于传统竹家具的历史、制造、工艺、装饰等研究的书籍很少，在其相关设计美学方面的研究资料更是凤毛麟角。因此，笔者在书中首先是对中国明清时期的传世绘画作品进行大量筛选，来获取明清时期竹家具的图像资料；其次是对明清时期的文人所留下的专著进行分析和研究，来获取与竹家具有关的研究信息；最后是对当代学者的现有研究成果进行比较研究。尽管关于明清竹家具的研究成果少之又少，但是目前对于明清硬木家具和竹文化的研究成果还是比较丰富，这样可以从一个侧面为明清竹家具的设计美学研究提供学术上的参考和研究范式。

实证研究是对客观存在的实物进行研究，包括实地考察、采访、参观博物馆等。尽管明代的竹家具实物在今天基本上很难看到，但是清代中晚期还有许多竹家具的精品得以保留和传世。在很多省级和私人的博物馆里可以看到清代竹家具的精品，这对研究明清竹家具提供了物质基础。另外，从对民间竹家具手工艺人的采访和问答中也能深入地了解竹家具古今制作工艺的区别和文化传承的现状。在深入研究过程中则要运用逻辑思辨法进行对比讨论、归纳总结、演绎分析等。

第二章 | 中国竹家具的历史考证

第一节　唐宋元明时期竹家具的历史考证

中国使用并制作竹家具[1]的历史可以追溯到春秋战国时期，那时的竹家具主要以席、笼、盒、箱等日用器具为主。随着历史的变迁和时代的发展，竹家具的使用范围越来越广，竹家具的品类也越来越丰富和具体，因此竹家具成为中国民俗家具中最重要的类型之一。在唐宋时期的一些佛教画像中可以找到用竹子做的椅、凳、床榻、桌等家具，从中可以大致了解那时竹家具的造型和用途。到了明代，在一些文学作品和木刻画中出现了大量而丰富的竹家具图样。但是由于竹材质脆而易腐，并不像其他材料如漆器、铁器那样易于保存，因此流传到今天的竹家具的实物可以说是寥寥无几。目前仅在北京智化寺可见明代保存下来的斑竹几一件，这已是非常珍贵的传世之作。另外，据说在成都的杜甫草堂也有一件明代的竹榻，但是否真的是明代遗物，目前并没有相关资料可以佐证，只是口口相传至今。

---

[1] 中国古代早期竹家具主要有席、榻、凭几、凳、箱柜等。唐宋以后，高型家具广泛普及，床、桌、椅、凳、高几、长案、柜等种类繁多，品种齐全。

尽管传世的竹家具实物比较少，但是在很多传世的宋代或明代的绘画作品中都能看到竹家具的身影，这不仅让我们了解到当时人们所使用的竹家具的造型、样式以及材质，而且从这些绘画作品中我们还能明显地推断出竹家具的使用人群及使用功能。

在诸多古代传世绘画中，最能体现出人物与竹家具使用关系的作品，当属元代画家钱选[1]所作的《扶醉图》（图 2-1）。在钱选的人物画中，“隐士”题材占了很大的比例。如《竹林七贤》中七贤或坐或卧、吟啸山林，还有人物萧闲、意趣简远的《刘伶荷锸图》。而他画的《柴桑翁像》《归去来辞图》都是关于陶渊明的，可见钱选对陶渊明的故事和人物品行的喜爱程度。这幅《扶醉图》描绘的就是东晋著名隐士、文学家陶渊明饮酒醉归的情景。《扶醉图》中的“扶”是“扶”于榻，而不是被人搀扶的意思。这幅小品画用线细润、赋色淡雅文气，大有宋画遗风。画中的陶渊明倚坐于竹榻之上，醉眼蒙昽、仪态自然、举止随意。其解开衣襟开散怀抱，可见适才痛饮的豪迈。右侧题字便可知此时他已经小有醉意，对客人说“我醉欲眠君且去”。既然我已经先醉了，睡意袭来，两眼渐重不支，客人可以离去了。说其达观也好，任性也罢，总之带着随意。

图 2-1　元代 钱选《扶醉图》

---

[1] 钱选（1239—1299 年），浙江湖州（今浙江吴兴）人，字舜举，号玉潭。因家有习懒斋，故又号习懒翁，为元代“吴兴八俊”之一。钱选出生在南宋社会气象衰微的时代，他终日沉湎诗画而不愿接受元统治者的招安。正如他在《题金碧山水卷四首》中所说，“不管六朝兴废事，一樽且向画图开”。

图 2-2 宋代 晁补之《米襄阳洗砚图》局部

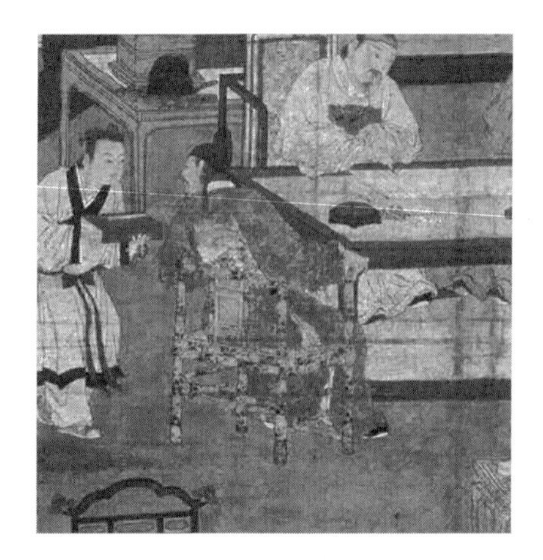

图 2-3 明代 杜堇《十八学士图》局部一

北宋著名文学家晁补之[1]所绘传世之作《米襄阳洗砚图》（图 2-2），描绘了古人在私家园林里逍遥自适的情景。画中男子眉目朗洁、神色端凝、玄冠素袍、宽然沉敛，左手执弯头细圆杆黄花梨镶玉如意，端坐于竹榻之上。榻始终是古代文人最喜爱的一件家具，其坐卧皆宜，比任何椅具都更加舒展自由。而在各种材质的榻中，竹榻似乎又是最质朴的一种，就好比文人山居别业喜筑茅屋。明代绘画的风格不如宋代严谨，观此画池围上列着盆花六只，梅、兰、芝草、竹石、牡丹之属，还有开着的桂花，这明显不符合季节的时序，由此有人推断这是明人之作，如果确为明人所绘，那画中竹榻的形制也应该为明式竹家具。但在没有足够的证据之前，我们姑且认为这就是晁补之的真迹。

明代杜堇[2]的《十八学士图》局部一（图 2-3）中，左边第二个人物所坐为一张斑竹扶手椅，这把椅子的扶手和靠背搭脑齐平，好似古代僧人打坐时所用的禅椅。

---

❶ 晁补之（1053—1110 年），字无咎，号归来子，济州钜野（今山东巨野）人，北宋时期著名文学家，“苏门四学士”（黄庭坚、秦观、晁补之、张耒）之一。曾任吏部员外郎、礼部郎中。工书画，能诗词，善属文。

❷ 杜堇，明代画家，生活在 15~16 世纪初，原姓陆，字惧男，号柽居、古狂、青霞亭长，江苏丹徒（今江苏镇江）人。

在《十八学士图》局部二（图 2-4）中我们可以看到左面人物背对画面，其所坐竹椅为一把形制类似硬木家具中南官帽椅的竹制扶手椅。值得一提的是，该椅腿的左右双枨向前延伸形成一件竹制的脚踏，人就座时把脚放在上面可以缓解腿部的疲劳。从这把竹椅可以看出当时明人在设计竹家具时所遵循的“自适遵生”的造物思想。李渔在《闲情偶寄》中说：“维扬之木器，姑苏之竹器，可谓甲于古今，冠乎天下矣”[1]。从图 2-5 和图 2-6 中可知，明代的竹家具尤其是竹椅，在造型上十分接近同时期的硬木家具，两者在发展过程中相互借鉴、互相影响，使明代的竹家具具有实用和欣赏的双重美学价值。

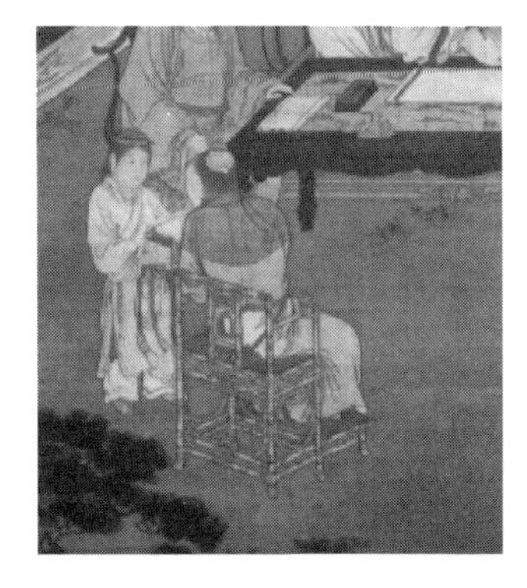

图 2-4 明代 杜堇《十八学士图》局部二

图 2-5 明代 崔子忠《杏园宴集图》局部

图 2-6 明代 唐寅《竹院品古图》

[1] 李渔．闲情偶寄．北京：作家出版社，1995.

第二节　清代竹家具的历史考证

关于清代竹家具的考证，主要是对传世的竹家具实物和绘画作品来进行分析。因为清代时间并未那么久远，有很多精美的竹家具得以流传至今，这就为清代竹家具的设计美学研究提供了丰富的实证资料。清代的竹家具不仅制作精美，用料也十分考究。这一时期的竹制家具生产更为发达，其不仅作为内需还被作为商品出口到欧美等其他国家，对当时欧洲的家具设计起到了一定的影响作用。如今欧美的一些博物馆中还藏有 18~20 世纪初的清代竹制家具和仿竹家具。另外，绘画作品也是考证清代竹家具的一个重要的方面。如清代刻本《比目鱼》插图中的竹榻、《雍亲王题书堂深居图屏 • 博古幽思》中的五屏式斑竹扶手椅、《雍亲王题书堂深居图屏 • 消夏赏蝶》中的棋桌、《雍亲王题书堂深居图屏 • 裘装对镜》中的斑竹圆凳等，如图 2-7 所示。

（a）博古幽思　　（b）消夏赏蝶　　（c）裘装对镜

图 2-7 清代《雍亲王题书堂深居图屏》

此外，清代竹制家具多呈现出自己的个性特点。图 2-8 是一张清代斑竹制扶手椅，椅子的搭脑、立柱、腿牙及底帐均以斑竹制成，靠背板中上部开团寿透光，中部座面之下安有攒拐子牙。竹制构件与黑漆椅面、靠背板相互衬托，搭脑略后卷，靠背两侧与扶手呈拐子纹。椅子的四条腿及枨子由四根竹材攒成，牙条枨子下部及扶手、靠背的空当处，以及前后腿部都是由弯曲的小径竹组成的圈口。斑竹在当时十分珍贵，椅子的制作工艺也比较复杂，此件堪称清代竹家具的珍品。

图 2-8 清代 斑竹制南官帽椅

第三节 中国明清竹家具的种类

据考古发掘表明，在商代之前中国就已经开始使用竹子，到了周代，竹子在家具和其他日用物品中已被广泛使用。在湖北江陵九店东周墓中挖掘出大量竹制品，包括竹盒、竹席、竹柜、竹扇以及其他竹制容器，近百余件。在唐宋时期的绘画和文学作品中，有着大量竹家具的造型和用途的呈现。到了明清时期，大量丰富的竹家具图样出现在戏曲、小说等文学作品和木刻画中，而以实物形式保留下来的，主要集中在清代。从现有文献和实物式样中可以看出，在中国的各个历史时期，竹家具都广受欢迎，中国社会的各个阶层都在使用它，这逐步使竹家具发展成为一个完整的竹家具系统。在较长一段时间里，中国古代除了玉以外，没有其他材质能超过竹子在中国文化中的地位。

明清竹家具由于制作工艺和装饰的复杂程度有较大区别，因此形成了不同式样和质量的竹家具，按照使用人群来划分一般包括三类：民间竹家具、文人竹家具和宫廷竹家具。相较而言，民间竹家具结构和工艺比较简单和原生态，造型朴素，几乎较少进行装饰。文人竹家具为明清时期文人和匠人共同参与设计和制作的竹家具，其特点是无论在造型和装饰上都迎合了当时文人士大夫阶层的审美情趣和造物观念，造型更趋向于同时期的硬木家具，但也有很多在设计上兼顾审美与功能的优秀竹家具产品，成为中国传统竹家具的经典之作。同以上两种竹家具相比较，最后一类的明清宫廷竹家具在造型、结构、工艺和装饰上就显得比较特殊。其原因主要是因为很多明清时期（具体地说应该是清代）的宫廷竹家具在制作上并不是采用全竹材的设计，而是利用名贵材质仿制或者利用竹材和木材以及其他材料结合的方式制造而成，因此形成了几类比较特殊的竹家具，如仿竹家具、笷竹家具、文竹家具、镶竹家具等。另外还有一种是使用名贵的湘妃竹制作的竹家具，供宫廷或者王公大臣家中的女性在内室或闺房中使用。

明清时期的竹家具按照使用功能来划分，大致可以分为：床榻类、桌案几类、椅凳类。以下来具体分析一下这几类明清竹家具的具体样式和美学特征。

1. 床榻类

早在宋元时期竹床和竹榻就已经广泛地被人们所使用，床和榻在形制和功能上十分相似，四面无围叫榻，四面有围叫床，榻较之床在体积上要稍小一些。第一节介绍了元代画家钱选所绘的《扶醉图》，画中所绘竹榻应为斑竹所制，其造型简洁、结构严谨，以此可以推断出竹榻和竹床在宋元时期已经比较流行。榻究其功能和形制与床比较接近，可以说是一种四面无围的床，比较矮小。东汉文学家许慎在其所著《说文解字》中言：“榻，床也。”[1]东汉经学家刘熙在《释名》中也对榻进行了释义：“长狭而卑曰榻，言其榻（塌）然近地也。”[2]

这种对竹榻的喜好在宋代就已滥觞，宋代罗大经所著《鹤林玉露》甲篇·卷

[1] 许慎．说文解字．北京：中华书局，2018.

[2] 刘熙．释名．北京：中华书局，2016.

二中描述："农圃家风，渔樵乐事，唐人绝句模写精矣。余摘十首题壁间，每菜羹豆饭饱后，啜苦茗一杯，偃卧松窗竹榻间，令儿童吟诵数过，自谓胜如吹竹弹丝。"❶明代文人延续了这种对竹榻的喜好及相似的生活状态，文徵明在《初夏遣兴》中写道："雨浥浮埃绿满庭，晚花初试水冬青。小窗团扇春寒尽，竹榻茶杯午困醒。"陈继儒的《小窗幽记》："余尝净一室，置一几，陈几种快意书，放一本旧法帖；古鼎焚香，素麈挥尘，意思小倦，暂休竹榻。饷时而起，则啜苦茗，信手写汉书几行，随意观古画数幅。心目间，觉洒洒灵空，面上俗尘，当亦扑去三寸。"这些语句好似就在描写画中的场景。明代高濂所著《遵生八笺》的起居安乐笺中对竹榻的记载："以斑竹为之，三面有屏，无柱，置之高斋，可足午睡倦息。榻上宜置靠几，或布作扶手协坐靠墩。夏月上铺竹簟，冬用蒲席。"❷也符合画中竹榻的形制。

图 2-9 明代 沈俊《钱应晋像》

图 2-9 是明万历二十四年（1596年）沈俊所绘的《钱应晋像》。图 2-10 是现存于成都杜甫草堂的一张竹榻，相传这是目前存世最早的明代竹榻。在明代郭纯的《山居

---

❶ 罗大经．鹤林玉露．上海：上海古籍出版社，2019．

❷ 高濂．遵生八笺．杭州：浙江古籍出版社，2017．

图 2-10 杜甫草堂中的明代竹榻

会友图》中，有一张造型美观、结构别致的竹制罗汉床。这张竹床体形较大，整体均由竹子制作，其最大的特别之处是罗汉床的支撑腿足没有做成传统的柱式，而是将竹子弯成盘圈，不仅作为床面的支撑构件同时也可以作为装饰栏杆。床面由竹片紧密排列而成，三面设围子，围子作分段式绦环板装饰结构，罗汉床整体简练大方，同时又妙趣无穷。图 2-11 是一张现代仿制清代的竹制罗汉床。此床造型简洁大方，用四根粗竹做腿足，正面围子与两侧围子齐平，用细竹做围子栅格，腿足之间均有一根横枨，床面与横枨之间采用短细竹棍作矮老装饰，床上铺有竹片，是夏季纳凉的良器。此罗汉床整体素雅、实用性强、

图 2-11 现代仿制清代竹制罗汉床

比例匀称，就其整体艺术水平来说，具有一种质朴、素雅之美。这里所举两例均为罗汉床，它与榻一样，具有坐、卧两种用途，是古代文人雅士交友阔论之处，也是个人修身小憩之所，展现出中国床类家具特有的文化功能。

2. 桌案几类

明清竹家具中的桌案几类家具主要包括竹桌、竹案、竹几等，其中竹桌是最为常见的。竹桌的造型形态由于竹材的自然属性，较木制家具显得更为清瘦，但视觉上给人以劲挺的感觉。竹案一般为竹木结合，案面一般为木制髹漆，支撑结构采用天然竹材制作而成。竹几在南方的大户人家中比较常见，造型多为直线，典雅、清新（图 2-12）。在清代叶九如的《三希堂画宝》中，有一张竹制桌子和一只竹制坐墩。竹桌造型形态显得比较清瘦，用竹子作腿和桌面边框，腿与桌面边框结合紧密，用竹棍穿插制成牙条装饰。就此桌整体尺度比例来看，与吹笛少女的窈窕身姿十分相称，说明竹家具不单被文人雅士所喜爱，同时也是少女佳人的怜爱之物。

图 2-12 清代 斑竹制六角香几

在清代竹制桌案中，常见的是竹木混制。如图 2-13 所示的清代湘妃竹黑漆面琴桌，就是较为复杂的竹家具类型。其桌面由髹漆的硬木制成，其他部件

图 2-13 清代 湘妃竹黑漆面琴桌

主要是由竹子制作而成。最有特色的是桌面下方用四根向内弯曲的小径竹插接到四条桌腿上的霸王枨，颇有明式家具的风韵。其装饰之处主要体现在角牙和绦环板上。角牙由若干细竹弯折、穿插成回纹状，绦环板处作方形双环卡子花式。这些装饰手法和图案与桌子整体配合协调，装饰效果较好，是实用美和艺术美的双重展现。

3. 椅凳类

明清家具中的椅凳类家具主要包括竹椅、竹凳和竹墩等。明清竹家具中竹椅比较常见，清代传世的竹椅也很多。在明清时期的宫廷与王公大臣之家使用的竹椅和民间使用的竹椅在造型上存在着一些差异。官宦人家使用的竹椅在造型上大多模仿明清木制家具的形制，这一现象主要是因为王公大臣和文人士大夫阶层崇尚竹子高风亮节、正直清高的品格，在追求竹子的俊逸雅致的同时，又不想失去木制家具典雅、高贵的审美趣味，所以两者在造型上的结合具有双重审美的理想境界。民间的竹椅、竹凳、竹墩在造型上比较简洁、独特，以实用为主，这也和竹家具的连接方式、结构方式、制造工艺有很大的关系。对图 2-14 分析可知，此把清代竹制靠背椅的显著特色是利用竹绳沿着椅圈弯曲方向，将竹枝包捆在一起以增强接临部件的牢固性，在起到实用作用的同时，具有较好的装饰效果。此椅的搭脑由两边上翘、中间凸起的“山”形竹棍制成，类似硬木家具中官帽椅的搭脑，在强化结构的同时，具有很好的美感。靠背的装饰整体上呈窗棂状，中间最主要的嵌板是一个向上的竹节形栅格，采用小径竹部件垂直插入凹陷中的设计手法，靠背板的装饰效果十分自然，富有变化统一的形式美感。利用细竹弯成平顶拱形制成券口部件，以加固座椅，也有一定的装饰美感。

图 2-14　清代 竹制靠背椅

参考文献

[1] 许慎．说文解字．北京：中华书局，2018.

[2] 罗大经．鹤林玉露．上海：上海古籍出版社，2019.

[3] 刘熙．释名·释床帐．北京：中华书局，2016.

[4] 高濂．遵生八笺．杭州：浙江古籍出版社，2017.

[5] 湖北省文物考古研究所．江陵九店东周墓．北京：科学出版社，1995.

[6] 方海．现代家具设计中的“中国主义”．北京：中国建筑工业出版社，2007.

[7] 王世襄．明式家具研究（文字卷）．香港：三联书店（香港）有限公司，1989.

[8] 古斯塔夫·艾克．中国花梨家具图考．北京：地震出版社，1991.

[9] 淮安国．明清家具装饰概述．东南文化，2001(10).

[10] 何晓琴．中国传统竹家具的文化特征．世界竹藤通讯，2006（02）.

[11] 李德君，孙巍巍，凌继尧．论明清竹家具设计之美．竹子研究汇刊，2013（08）.

[12] 张岱．陶庵梦忆·西湖梦寻．北京：作家出版社，1995.

[13] 李渔．闲情偶寄．北京：作家出版社，1995.

[14] 陈乃明．江南明式家具过眼录．杭州：浙江人民美术出版社，2019.

[15] 许江，范景中．中华竹韵．杭州：中国美术学院出版社，2018.

[16] 邹永前．神祇的印痕：中国竹文化释读．成都：四川大学出版社，2014.

[17] 李衎．竹谱详录．济南：山东画报出版社，2006.

[18] 王象晋．群芳谱诠释．伊钦恒，译．北京：农业出版社，1985.

第三章 | 明清竹家具的形式之美

第一节 何谓形式美

所谓形式美，指的是客观事物外观形式美的规律。其包括构成形式美的要素，如点、线、面、体等外形因素和将这些因素按一定规律组合起来，以表现内容的结构等。艺术作品或者一件设计产品中的形式美，是一切艺术形式中普遍具有的一种非独立的艺术因素。形式美与内容美密切联系，一切美的内容都必须以一定形式表现出来，一定的形式美不能脱离内容而存在。人对形式美的感受能力有继承性、共同性，也有时代和民族的差异性，它总是随着社会生活的不断演变产生新的发展和变化。

形式美是一种具有相对独立性的审美对象，它与美的形式之间有质的区别。美的形式是体现合规律性、合目的性的本质内容的、自由的感性形式，也就是显示人的本质力量的感性形式。美的形式与形式美之间的重大区别表现为以下两点。首先，它们所体现的内容不同。美的形式所体现的是它所表现的那种事物本身的美的内容，是确定的、个别的、特定的、具体的，并且美的形式与其内容的关系是对立统一、不可分离的。而形式美则不然，形式美所体现的是形式本身所包容的内容，它与美的形式所要表现的那种事物美的内容是相脱离的，其单独呈现出形式所蕴有的朦胧、宽泛的意味。其次，美的形式和形式美的存在方式不同。美的形式是美的有机统一体中不可缺少的组成部分，是美的感性外观形态，而不是独立的审美对象。形式美是独立存在的审美对象，具有独立的审美特性。

有的人认为形式美只能对现代工业产品及艺术设计作品进行分析，并不适用于传统的工艺品及产品。笔者认为这样的看法是片面的，因为从古希腊毕达哥拉斯学派到亚里士多德，再到黑格尔、荷迦兹等都对形式美有过深刻探讨；近代的马克思主义对形式美也做过科学的分析。其认为色彩、线条、形态等本是现实事物的一些属性，按照一定规律组合起来，就具有了审美意义。美的形式可分为两种，一种是内在形式，它指创作者所想表现的真、善的内容；而另一种是外在形式，它与内容不直接联系，是内在形式的感性外观形态。本章对明清竹家具形式美的研究从其造型、材色、装饰三个方面进行展开，分析明清竹家具在结构设计上的点、线、面构成原理和特点，以及三者相互结合所产生的韵律感、对称感、均衡感等形式美关系，得出明清竹家具在设计构成上的形式美特点及设计美学规律。

第二节　中国明清竹家具造型中的形式美分析

形式美法则是人们在创造美的形式、美的过程中对美的形式规律的经验总结和抽象概括。明清竹家具造型中的形式美是明清时期的匠人在总结了大自然中美的规律后，通过概括和提炼形成的独特审美标准，并通过其指导造物实践活动。

一、统一与变化

统一是指同一个要素在同一个物体中多次出现，或在同一个物体中不同的要素趋向或安置在某个要素之中。统一的作用是使形体有条理、趋于一致，有宁静、安定感，是为治乱、治杂、治散的目的服务的。事物的统一性和差异性由人们通过观察而识别。当统一性存在于事物之中时，人有畅快之感。一切物像欲称其为美，必须统一，这是美的基本原理。但只有统一而无变化则无趣味，且美感也不能持久。其原因是人的精神和心理无刺激之故。所以，虽说统一能治乱、治杂，增加形体条理、和谐、宁静的美感，但过分统一就会显得刻板、单调。

变化是指在同一物体或环境中，要素与要素之间存在的差异性，或在同一物体或环境中，相同要素以一种变异的方法使之产生视觉上的差异感。变化的作用是使形体有动感、具有生动活泼的吸引力，克服呆滞、沉闷感，是为减轻心理压力、平衡心理状态服务的。变化是刺激的源泉，能在乏味呆滞中重新唤起活泼新鲜的兴味，但是必须以规律作为限制，否则必导致混乱、庞杂，从而使人在精神上感觉烦躁不安，陷于疲乏。故变化必须从统一中产生。在造型设计中，无论是形体、线型还是色彩、装饰都要考虑到统一这个因素，切忌不同形体、不同线型、不同色彩、不同装饰的等量配置，必须有一个为主，其余为辅。为主者体现统一性，为辅者起配合作用，体现出统一中的变化效果。简单地说，就是“求大同，存小异”。

图 3-1 清末 竹制花几

明清竹家具在造型上的统一是使家具的整体线条清晰有条理，有静谧、稳定之感。而变化是使家具在保持整体的基础上，在局部或者装饰上更具有动感，克服滞郁、沉闷的感觉，使竹家具在视觉上更加活泼和灵动。明清竹家具在整体造型上大多以统一为主，变化为辅，在统一中求变化，在变化中有统一，既保持了整体形态的统一性，又有适度的变化。如图 3-1 所示，这是一张竹制花几，其整体造型采用直线与直线的穿插组合，兼有竹材的粗细对比，在四腿之间的直角处采用曲线拱形枨，不仅在结构上起到支撑和加固的作用，在整体的视觉上也和谐统一，稳定又不失变化，强化了整个家具的整体感。

二、对比与调和

对比是使一些可比成分的对立特征更加明显、更加强烈；调和是使各个部分或因素之间相互协调。在产品设计中，对比与调和通常是在某一方面居于主导地位。对比与调和反映了矛盾的两种状态，对比是在差异中趋于对立，调和是在差异中趋于统一。在产品设计中常用一些表现手法来突出产品的主要功能部位，如色彩的对比、虚实的对比、质感的对比等。但过于生硬的对比可能会使产品变得华而不实，所以我们也会用一些方法让对比中略有调和，使产品的功能更加完整。

对比与调和跟中国的传统美学思想有关，是形式美的总法则，顾名思义，也就是说所有的形式美法则都要遵循对比与调和。所有总结出来的形式美法则，如对称与均衡、比例与秩序、节奏与韵律，都是将平面中的视觉元素（比如图片、文字等）按一定的形式组织起来，以达到设计的效果。但是，这些规律又是统一于整个画面的，无论它们怎样摆放，遵循哪一种原则，都离不开对比与调和。拿来任何一幅作品，都会从中看到对比与调和的效果，因为事物总是处于矛盾运动的变化之中，人们的视觉感受和经验都是按照这一总则来开展的。这些是人们在生产劳动过程中逐步发现的自然的美的形式，然后将其总结出来，但是，它只是一种美的形式，我们在设计组织的时候，为了人们在视觉上有一个平衡的心理状态，需要让对比与调和贯穿始终。

对比与调和是明清竹家具造型中比较常用的一种表现手法。利用对比的方法可以使竹家具在视觉上显得活泼生动、个性鲜明，这也是整体变化的一种重要手段。对比和调和是相辅相成的，当对比元素比较弱的时候，调和将支配对比，双方起着相互约束的作用。在明清竹家具的造型中，对比与调和主要是指线型，如线的长短、曲直、粗细等，线与线组成的面的形状，如大小、宽窄、凹凸等，

图 3-2 明清时期 竹制书架

材质的纹理、肌理、光泽等方面。明清竹家具的整体造型在调和的前提下，采用对比的方法突出那些需要注意的部位，以增加形体生动、醒目的感觉。如图 3-2 所示，这是一张明清时期的竹制书架，其腿部的线条与装饰线条的粗细、虚实、体量都形成强烈的对比，这种明显的反差主要通过线与线的对比进行调和，并且在腿部运用了曲线的枨，增加了曲线与直线的对比，使整个书架看起来静中有动、张弛有度。

三、尺度与比例

尺度指产品形体与人的使用要求之间的尺寸关系，以及两者相比较所得到的印象，它以一定的量来表示和说明质的某种标准。在自然界，有些动物是按照它所属的那个科的尺度和需要来建造环境，而人却应按照不同体型的尺度进行生产，并把内在的尺度运用到对象上去。比例指形体自身各部分的大小、长短、高低在度量上的比较关系，一般不涉及具体量值。比例是人们在长期的生活实践中所创造的一种审美度量关系。在比例学说上，影响最大，也是实践中运用得最多的是黄金分割比例。此外，还有均方根比例、整数比例、相加级数比例、人体模度比例等。

明清竹家具的尺度是以人体的尺寸及活动状态作为度量标准，对竹家具进行相应的衡量，如与其自身用途相适应的合适程度。明清竹家具中的比例是指竹家具各造型元素间局部与局部、局部与整体之间数量上和体量上的比例关系。

明清竹家具具有良好的尺度感和合理的尺寸比例，两者的协调统一构成了明清竹家具造型形式美的基础。如图3-3所示，是一把清代的竹制扶手椅，其在造型上借鉴了木制扶手椅的形制。从人体工程学的角度来看，这把扶手椅在比例和尺度上都具有明式家具的科学性，弧形靠背和流线型的扶手舒适地包裹着人的身体，给人以舒适、安全之感。

图3-3 清代 竹制扶手椅

四、对称与均衡

对称是事物的结构性原理，从自然界到人工事物都存在某种对称性关系。对称是变换中的不变性，它使事物在空间坐标和方位的变化中保持某种不变的性质。如人的面部是一种左右的对称，而人在照镜子时，在人的形象与映像之间则形成一种镜面的反射对称，它产生左右侧面的互换；圆是以一定半径旋转而成，因此构成了一种旋转对称。此外，还可以通过平移或反演等方法形成不同类型的对称。

均衡则是两个以上要素之间构成的均势状态，或称为平衡。如在大小、轻重、明暗或质地之间构成的平衡感，它强化了事物的整体统一性和稳定感。均衡可分为对称和不对称，表现为中心两侧在质和量上的相同分布，给人以庄重、安定和条理化的感觉；通过中心两侧在质和量的不同分布，给人一种生动活泼和动态的感觉。

对称和均衡是明清竹家具最主要的形式美特征。对称能取得较好的视觉平衡，形成美的秩序，给人以静态之美、整体之美。另外，对称的造型方式也会给人以端庄、稳重、大气的视觉美感。均衡在视觉上给人一种内在的、有秩序的动态美，它打破了对称的呆板，变得富有情趣，具有动中有静、静中寓动的艺术效果。明清竹家具中的对称和均衡主要是指竹家具中的各种造型要素，如线型、色彩、肌理和物理量（面积、重量等构成的量感）等，通过整体造型表现出秩序和平衡。如图 3-4 中的这对清代竹制六角半圆椅，都是由长短、粗细、曲直不一的小径竹装饰构件所构成，局部的对称和整体的均衡都是通过线的合理排列组合达到的视觉效果。

图 3-4 清代 竹制六角半圆椅

五、节奏与韵律

节奏是事物在运动中形成的周期性连续过程。这是有规律的重复，并产生出一种特殊的秩序感。节奏也有强弱之分，强节奏是对同一形式元素的快速重复，产生明显的节奏感，给人以强烈的印象，但也容易造成僵硬、单调的感觉；弱节奏是各种类型的相同形式元素进行较大间隔的重复，从表现手法到形式变化都比较丰富和活泼。此外，还有分层节奏和分线节奏。前者的形式元素在重复时按一定比例减少，对视觉有很强的引导作用并具有趣味性，而后者则通过结构性或装饰性的分割线的间隔，通过密或散、增或减来形成节奏感。

在明清竹家具中，节奏的美感主要是通过点状线或长线条之间的穿插互动、材色肌理的微妙变化、形体的高低错落等因素做有规律的反复、重叠，从而让使用者和欣赏者在心理上享受到一种节奏的美感。韵律是一种有组织的变化或有规律的重复，它是在节奏的基础上，使节奏的强弱、轻重、缓急得到一定的调和，从而达到调节情趣的作用。如图 3-5 所示，这是一张清代竹制书橱，书橱上方的架围是由小径竹制成的竹条连接成的装饰图案；不同大小的架格，其装饰线条的穿插也有变化，或短或长、或连或断、或方或圆、或曲或直，这种变化的节奏赋予整个书橱一种轻松、灵动的情调，不仅使书房沉闷的气氛得到缓解，同时也在视觉和心理上给人以律动之美。

图 3-5 清代 竹制书橱

第三节 明清竹家具形式美的特点

一、线的艺术

中国传统竹制家具和木制家具都是中国劳动人民在长时间的生产生活实践中的智慧结晶，虽然传统竹制家具在造型特征上与木制家具有很多相似之处，但是两者在外观形态、材色、肌理特征上存在着很大的差异，尤其是在造型上，线的运用更为明显。

线是构成一切物体轮廓形状的基本要素。在家具造型设计中，构成家具造型形象的基本线条主要有框架线、连接线和装饰线。造型中的线在形态上主要分为直线与曲线两大类，无论是竹家具还是木家具，所有的造型元素都是由直线、曲线或由两者结合共同组成的。传统竹家具和传统硬木家具在材料、结构、造型、工艺、装饰上虽然有很多相似之处，但差异也十分明显，两者在对于线的造型样式上的构成各有千秋。本节通过对竹木家具的框架线、连接线、装饰线三个方面进行分析，以及对竹木家具中线的造型样式分别进行归纳比较，分析两者在线的构成上存在的异同。

二、线的种类

1. 框架线

中国传统竹制家具虽然造型多样，但家具主体结构和主要部件还是以框架结构为主，这也是传统竹家具和现代竹家具最主要的区别之一。在这类结构中，线条的运用十分丰富且变化多样。传统竹家具的外部框架基本上构成了竹家具的外观造型，同时它还是竹家具的重要支撑部件，大框架和小框架的有机结合形成了传统竹家具独特的结构特征。框架结构中线条的运用是否恰当、科学，将在很大程度上对家具的使用效果和外观造型产生一定的影响。竹制家具的框架结构形式有两种，一种是直材接合，即不对竹材进行弯曲处理，而是利用竹材直挺的特点进行组合，该形式是竹制家具结构线中直线的主要来源。另一种是弯曲接合，其中弯曲的方法又分为加热弯曲和开槽弯曲。弯曲法的应用打破了竹制家具直线运用时呆板、僵硬的视觉效果，使其线条流畅、富有韵律，在实用性的基础上增加了竹制家具的艺术性和观赏性。

2. 连接线

连接结构是传统竹制家具的灵魂，多种连接结构的使用使竹材成为造型和结构完整的家具产品。连接结构所形成的连接线也是传统竹家具造型形态中线条的主要来源，这些线条不仅对竹家具起到连接的作用，在视觉上也起到一定装饰的作用，使竹家具具有区别于木质结构家具的独特的美学特征。传统竹家具的连接线大致分为以下几种。

（1）榫接线

竹材的榫接与木材大致相同，但是没有木结构中的种类繁多，这是受到竹材中空无心的自然形态的限制。竹材的榫接分为明榫和暗榫，明榫的榫头外露，有十字接和斜接之分，暗榫的榫端隐藏在竹腔内部，用竹钉固定[1]。

（2）缠接线

缠接是竹家具加工工艺中最为独特的一种，主要用于竹家具骨架的连接。利用皮带、藤条、细小的竹条等材料缠绕在家具各部件的结合处，起到连接、加固的作用。缠接线所形成的线条的粗细对比、曲线与直线错落有致的缠结，使竹家具的局部线条在视觉上极具工艺美感。

（3）包接线

包接是竹器连接结构中最能体现材料特点及传统工艺的连接方式之一。被弯曲的零件称为“箍”，被包零件称为“头”。包接的强度一般比较低，需要配合竹钉和胶一起使用。包接可以产生并列的线条，从而形成一个组合面，使竹家具在视觉上给人以稳重、厚拙之感。

（4）并接线

由于竹材内部是中空的，没有像木材那样的边材和心材，所以很难制成较大的板材和块材。并接就是将直径较小的两根或者多根竹材用木螺钉平行或成捆状连接起来，用来增加竹制家具结构的力学强度。并接所产生的线形多样而统一，给人一种聚合的形式美感。

3.装饰线

传统竹制家具的主要装饰手段是线型装饰，以直线和斜线为主，例如在横

---

[1] 榫卯被称作中式家具的“灵魂”，若榫卯使用得当，榫眼和榫头之间就能严密扣合，达到“天衣无缝”的效果。由于竹材中空，榫头和榫眼不能像木制家具那样“咬合”，因此竹家具的榫头一般都是利用竹钉固定在竹腔中。由于竹家具榫卯连接构件的形态不同，由此衍生出千变万化的组合方式，使明清时期的竹家具达到功能与结构的完美统一。

图 3-6 竹家具的装饰线（局部）

竖支架角点之间的各种式样的牙子，如图 3-6 所示。直线与斜线的穿插和连接形成各式各样的格纹装饰，将传统装饰纹样如回纹、云纹、卷草纹、灵芝纹等几何化，只在一些局部或者转角处做这些装饰上的处理，起到画龙点睛的作用，同时还可以突出其素雅、古拙的特点。这样的装饰处理不仅减少了加工难度、增加了家具局部结构的支撑强度，而且几何线型富于变化，增强了家具的艺术深度。这些结构装饰件的外形线条与家具的主要线条处理得整体且浑然一体，使竹家具具有自然、雅致的视觉韵味。

三、线的形态特征

在明清竹家具的造型形态中，线条起到了先导作用，其优美线形构成了竹家具不同的风格特点。线是构成一切物体轮廓形状的基本要素，其在形态上主要分为直线和曲线两大类。用直线和曲线构成的竹家具，不仅会在视觉形象和风格上产生很大差异，而且在心理上也会给人以不同的情感体验。

1. 直线

在中国传统竹家具中，直线造型是最为常见的，这不仅是因为竹子的自然形态本身就为直线形，还因为直线能够带给人以刚直、严谨、统一和秩序的美感。如水平方向的直线给人以平静、稳定和庄重的感觉，竖直方向的直线则给人挺拔、有力和崇高的感觉。在直线的相互穿插中，竹材具有粗细变化和圆方变化的结构特点，这些也为竹家具在造型上提供了各种素材。在中国传统竹家具的造型形态中，直线的构造样式不仅简洁明快，且十分具有现代构成感，直线间的连接和穿插组合使得竹家具呈现出传统木制家具所不具备的独特造型特征。

如图 3-7 所示，这是一把清末民间最常见的斑竹制官帽椅，椅子整体的线条直挺硬朗，线条粗细之间的对比错落有致，给人以简练、淳朴、厚拙的美学感受，极具文人气质。其直线的线性构成方式可以称得上是传统竹家具直线造型应用的典范。这把斑竹制官帽椅的造型与木制官帽椅十分相似，椅子整体用粗细、长短不同的圆竹，经过各种连接方式精心制作而成，其背板、联帮棍、牙子上的直线造型最为独特。该椅的四条腿使用较粗的毛竹作为基材，利用一根圆竹将其开槽弯曲成 90°，然后将椅子的前腿和扶手，后腿和搭脑进行连接，将整个椅子的主结构框架构造出来，而起到支撑作用的扶手下的联帮棍则由一根直挺的圆竹构成，上下做成榫头，插入扶手和抹头中，最为独特的造型是联帮棍两边的支撑结构，将一根竹子向下弯曲，两头做榫接插入抹头中，并且对上面的四个直角边进行 45° 的倒角处理，这种造型方式不仅更好地起到了支撑扶手的作用，而且还起到了一定的装饰作用，无形中通过线的有机排列，形成线形独特的美感。如图 3-8 所示，椅子背板的格纹也是运用斜线间的穿插和连接，形成令人耳目一新的格纹装饰，这种直线与斜线的对比处理打破了单纯利用直线造型给人造成的单调感，能给人一种对称、稳固、交错的视觉感受，显得稳重而大气。

图 3-7 清末 斑竹制官帽椅

图 3-8 斑竹制官帽椅的背板格纹

2. 曲线

竹材这种材料具有任意弯曲且韧性和强度高的特点，这也是竹材区别于木材的特征之一。因此，我们在很多竹家具的造型与结构中都能看到曲线的身影。变化多样的曲线造型也是竹家具最具特点的形态特征，这种造型上的优势是木制家具所不能比拟的，因为在中国传统的木制家具中，在很多曲线的应用上都是费工费料，弯曲部件并不是由一根基材弯曲而成，而是由很多部件榫卯连接而成，并且还需要十分复杂的加工工艺才可以完成，相对于木制家具来说，竹材的弯曲在结构和工艺上要相对简单和容易。

图 3-9 清末 民间竹制圈椅

曲线造型在竹制圈椅中比较常见，如图 3-9 所示，这是一把清末民间竹制圈椅。这把圈椅的扶手是月牙形的，用一根竹子弯曲而成，两个扶手用两边的弧形柱支撑；椅面的边框由四根毛竹利用榫接和包接的方式制作而成，其腿部也是由四根毛竹直接连接，并利用榫接的方式插入椅圈之中；四根细短竹棍在椅圈和椅面边框之间起到辅助支撑的作用；圈椅的靠背板上是极具中国传统特色的格纹图案，这种几何形是用许多细竹相互穿插连接制成的，工艺十分复杂。这把圈椅在完美地展示了竹材的材质美的同时也把竹材线条美的灵透质感体现得淋漓尽致，其注重线型变化，形成直和曲、方和圆、动与静的对比，具有很强的形式美感。在视觉上，圈椅以隽秀雅致见长，以古朴简约取胜。在结构上，圈椅对中国传统建筑的框架结构的优点进行了改良，加强了线与线之间的穿插变化的运用。在造型上，方圆立脚如柱、横档帐子如梁，变化适宜，从而形成以框架为主、以线条美取胜的特色，使得这把竹制圈椅具有简洁利落、淳朴劲挺、柔婉秀丽的艺术之美。

第四节　明清竹家具与硬木家具线的比较

1. 传统竹家具框架线的造型样式

中国传统竹家具采用的是框架结构，框架用材大多以圆竹为主，而圆竹的内部是中空的，在力学稳定性上要低于木材。传统竹家具中作为支撑和框架结构的竹材大多数是以直线进行造型，这是由于竹材特有的内部结构造成的，竹材的节间细胞都是严格的轴向排列的细胞，没有木材中的横向射线细胞，因此竹材的顺纹抗压能力要高于横纹。竹材的弯曲有热弯曲、凹槽弯曲、三角槽弯曲等几种方式，但无论是哪种方式，对竹材进行弯曲处理后，竹纤维的整体性都会在一定程度上被切断或损坏，同时也会削弱其力学性能，对造型和使用造成一定的影响，这也是竹家具的支撑和框架结构中很少用到曲线的原因。直线是竹材的自然形态，经过加工的竹材截面所呈现出的粗细、方圆的形态特征为竹家具的造型提供了丰富的素材。因为竹材具有良好的劈篾性，所以其直线造型在截面样式上更加多元和丰富。直线造型既能增加竹家具的力学稳定性又可以突出竹材的正直俊挺、素雅朴拙的美感。

在传统竹家具的造型中，直线也是运用最多的样式。以一张清末民初的传统竹制方桌（图 3-10）为例，其直线的构造样式体现出家具的简洁感和构成感。竹桌的造型与木制方桌有相似之处，但其刚直隽秀的直线造型又有着木制方桌所没有的独特气质。这张竹制方桌以粗细不一的竹材精心制作而成，四根大径圆竹作为方桌的四条桌腿垂直而立，四条腿的边缘都利用小径圆竹以并接的方式形成

图 3-10　清末民初 传统竹制方桌

券口，以加固腿部的支撑。这种并接的线条在无形中通过直线的有机排列，形成特殊的线性美感。方桌的直枨是利用一根圆竹开凹槽弯曲围合而成，桌面和直枨由几根直立的圆竹形成矮老连接而成，在矮老间利用小径竹横向直线连接形成直线与竖线的穿插，既加固了桌面又形成了一定的装饰效果。在方桌的整体造型中，线的巧妙组合使得方桌呈现出一种刚直、劲挺的造型特征。通过线在体量上的变化使得整体造型更加和谐。

2. 传统硬木家具框架线的造型样式

中国传统硬木家具以明清家具为主，而明清硬木家具的基本结构大多为框架结构。由于木材的可塑性比竹材更加灵活，所以硬木家具在框架线的造型上也更加富于变化，有曲有直，曲直相间。传统硬木家具的框架线造型样式主要还是以直线为主，多在桌类家具、几类家具、柜类家具等中使用。直线表示静态，具有刚劲有力、单纯、简朴之感，其可分为长直线和短直线。长直线纵向限定空间或横向分隔空间能带来心理上的稳定感，形成静态的特性。短直线可以增加家具的稳定性，与长直线形成对比，同时短直线也是家具最重要的装饰技法之一。曲线的框架造型一般出现在罗汉床、炕桌、凳类家具的腿部造型上，最能在框架上体现硬木家具曲线造型的家具非圈椅莫属。如图 3-11 所示，圈椅是一种由弯曲形状的扶手和靠背组成的扶手椅，其框架线主要是由椅子上半部分的曲线形成，结构紧松得当、相互穿插，椅子下半部分的框架线则主要是直线造型，也就是所谓的“天圆地方”。从整体上看来，椅圈的弧形与椅面下部所有的方形又形成了另外一种对比，整体造型曲中有直、曲直相间，直线和曲线的使用相辅相成、相得益彰，体现出明式家具独特的节奏美和空间美。

图 3-11 明代 黄花梨圈椅

3. 传统竹家具连接线的造型样式

由于竹材的内部是中空的，因此竹家具无法像硬木家具那样大量使用榫卯连接。传统竹家具的结构连接方式一般分为榫接、包接、并接和缠接等，这些连接竹家具主体框架的连接线也被称为竹枨。竹枨的作用是在竹家具中承重较大的部位，用一定的结构来提高其稳定性和支撑强度。竹枨可分为直线造型和曲线造型两种，直线造型多采用一整根竹材直接连接或者采用多根竹材并接的方式。由于竹材中空不利于使用榫卯的形式，因此在竹枨的连接上还经常使用包接和缠接的方式。在使用包接时会出现“箍”所产生的圆角造型，这样既可以加强结构的强度又可以缓冲直角所带来的呆板的视觉感。竹枨也有很多曲线造型，竹枨弯曲大多为热弯曲，在一些小的连接线上也会使用凹槽弯曲和三角槽弯曲，但是竹枨的曲线造型在竹家具上并不普遍，仅在一些架、椅类竹家具上有所应用。曲线连接线的使用既丰富了竹家具的结构和造型，又在一定程度上起到了装饰和美化的作用。

图 3-12 为体现竹家具中连接线造型特点的一对竹制圈椅，其造型特征来源于硬木家具。该椅以四根立柱做腿，两后腿向上形成 90° 的开槽，方折弯曲后形成椅子的后背立柱和搭脑，利用竹材的并接方式形成椅子的横枨，椅子的两扶手也是采用同种形式与前腿合为一体，另两个竹弯曲部件一个用作椅面框架，一个用作枨。在四条直枨之外，两边还各加一条直枨，不仅可以使椅子更加稳固，也增加了线条间穿插并接的美感。椅子上部的结构非常巧妙，在靠背和椅背框架线之间利用小径竹作为连接线形成券口，虽然都是

图 3-12 清代 竹制圈椅

直线造型但是在券口的上部做了倒角的处理，并未给人以呆板的感觉。扶手和椅面分别由两根联帮棍进行连接，这种平行直线的处理不仅给人以对称的美感还使家具更加稳固。

4. 传统硬木家具连接线的造型样式

传统硬木家具连接线的造型手法比较丰富，以明式家具中的枨为例，枨是传统硬木家具连接线的一种，枨的种类很多，如霸王枨、罗锅枨、直枨、横枨、步步高赶枨等（图 3-13），每一种枨都有自己的功能和特点。明式家具中枨的线条的运用非常独到，整体造型以直线运用为主，方正的直线可以突出简单明确的造型结构，再通过局部的曲线形态的辅助以增加家具自身的形态对比，曲直相间，整体中求变化。这样家具造型中的曲线形态部分不会显得突兀和夸张，而是非常自然灵活的变动，使局部既有丰富的变化又不失整体性。

（a）霸王枨

（b）罗锅枨

图 3-13 明式家具中的枨

在明式家具枨的线条造型上，其曲线形态是根据家具整体的比例与尺度而定的，例如霸王枨和罗锅枨追求的是局部与整体相协调。曲线虽然在视觉上给人以柔美、流畅之感，但是在家具造型中过多地使用曲线会给人带来娇柔、繁复、不稳定的感觉。因此，在明式家具造型上，连接主体框架的线主要以坚实有力的直线形态为主，曲线则应用到装饰的构件中，如牙子（牙条和牙头）、券口、圈口、挡板、矮老、卡子花等，追求一种“少而精”的境界——形态简洁，对比协调且工艺独到，不做繁杂无用之功。这使得明式家具在线的造型上整体沉稳、强劲有力，同时又不失古典雅致之风。

传统竹家具由于材料、接合方式和力学稳定性等原因，在框架和连接结构上很少使用曲线造型，大多都是以直线为主，仅有少量几种类型的家具在局部采用曲线和直线相结合的造型样式，如圈椅和摇椅。而传统硬木家具的框架和连接结构采用的是榫卯连接形式，在力学稳定性上要优于传统竹家具。因此，传统硬木家具在曲线的使用上更加丰富，种类也明显多于传统竹家具。传统竹家具在装饰线条上大多使用造型变化简洁、对称的几何形，直线和曲线并用，有很强的形式美感；木材相比竹材有很强的可塑性，因此在传统硬木家具的装饰线条上形式丰富多样，有几何、抽象、具象等多种形式，线条变化灵动丰富，具有一定的古典韵味。

第五节　中国传统哲学思想对明清竹家具形式美的影响

一、儒家思想的影响

儒学是中华文化的主干，在造物观上也深深地影响了明清时期的竹家具。明清时期是中国儒家思想转变的一个重要时期，在思想文化领域，明清时期的儒家思想更加注重倡导经世致用的实学。中国实学思想肇始于宋代，在明清之际达到高潮，其为儒家思想发展的阶段性理论形态，也是中国古代思想向近代思想转化的中介和桥梁。明清竹家具的审美功能与实用功能紧密相连。它的实用性体现为追求符合本体材质特征的合理造型与结构，通过使家具的尺寸和比例更加以人为本，从而给人以“体舒神怡”的功能美感，具有高度的科学性，雅俗共赏。明清竹家具的实用性除了体现在尺度和比例的运用上，还体现在对局部细节的处理上。这种对细节的用心处理来自明清时期的匠人和文人士大夫对于日常生活的体验和观察。同时，明清竹家具也承载了儒家思想中关于君子品格与尽善尽美的人文情怀。

二、道家“朴素、虚静”思想的影响

明清时期的道家思想主张“无为”，崇尚“自然”，主张从世俗的竞争中退出到“虚”“静”境界，具有“道”的品格。这种审美趣味反映在明清家具上的最大特征就是装饰的简洁、线形的曲美和材质的天然。道家思想中率真、质朴的情怀将明清竹家具的功能与审美完美地结合在一起。首先“简”，是一种大道至简的审美境界。明清竹家具中简约、实用的造物思想所体现出的是一种朴素、隽永的美态，与明清时期文人士大夫崇尚简朴、隐逸的生活状态相得益彰。其次“曲”，合度的曲线是明清竹家具的重要特征之一，因为道家思想崇尚阴柔，在《老子》七十六章中有言：“故坚强者死之徒，柔弱者生之徒”[1]，说明“曲”是生命的状态，是万物生机勃勃、充满活力的象征。因此，明清竹家具多为精炼、流畅的曲线造型，在曲线的运用上充满了回转灵动的生命气韵。最后“材”，在对材质美的追求中，“道”的思想已深深融入明清竹家具的灵魂之中。老子说“道之尊，德之贵，夫莫之命而常自然”[2]。明清竹家具精于选材，采用紫竹、湘妃竹、金丝竹等优质的竹材，其色泽清雅、纹理生动，并带有美丽的斑纹，充分显示出竹材本身特有的质感和自然之美，这是道家“返璞归真”思想在明清竹家具上的完美体现。

本章通过对传统竹家具的造型特点，传统竹家具结构中线的种类，传统竹家具中线的形态特征三大方面对其性质、特征、变化以及延伸进行详细的分析和总结，得出传统竹制家具在造型形态上线元素应用的基本特点和变化规律，为现代竹家具在线的设计应用上的传承和创新提供了理论依据。

---

[1] 汤漳平，王朝华（译注）. 老子 . 北京：中华书局，2014.

[2] 汤漳平，王朝华（译注）. 老子 . 北京：中华书局，2014.

参考文献

[1] 徐恒醇．设计美学概论．北京：北京大学出版社，2016.

[2] 胡景初，方海，彭亮．世界现代家具发展史．北京：中央编译出版社，2005.

[3] 李雨红，于伸．中外家具发展史．哈尔滨：东北林业大学出版社，2000.

[4] 郑晶．湖南民间家具的研究．长沙：中南林业科技大学，2006.

[5] 何明，廖国强．中国竹文化研究．昆明：云南教育出版社，1994.

[6] 江泽慧．世界竹藤．沈阳：辽宁科学技术出版社，2002.

[7] 彭舜村，潘年昌．竹家具与竹编．北京：科学普及出版社，1987.

[8] 陈大华．竹家具制作．贵阳：贵州人民出版社，1988.

[9] 梁梅．设计美学．北京：北京大学出版社，2016.

[10] 许柏鸣．家具设计．北京：中国轻工业出版社，2000.

[11] 陈梦瑶，张仲凤．竹家具的情感化设计研究．包装工程，2016(14).

[12] 王迪，朱洁冰．基于宋文化的竹家具设计．竹子研究汇刊，2015(04).

[13] 李娜．初探全竹家具结构创新设计．艺术与设计（理论），2014(05).

[14] 陈捷云．竹制家具造型设计的创新性研究．齐鲁工业大学，2015.

[15] 朱云，徐翠霞，刘秀，申黎明．基于传统文化的简约竹家具设计．竹子研究汇刊，2015(02).

[16] 左汉中．中国吉祥图像大观．长沙：湖南美术出版社，1998.

[17] 胡景初，戴向东．家具设计概论．北京：中国林业出版社，1999.

[18] 吴智慧．竹藤家具制造工艺．北京：中国林业出版社，2018.

[19] Charles Boyce.Dictionary of Furniture. New York:Roundtable Press，1985.

[20] 汤漳平，王朝华（译注）．老子．北京：中华书局，2014.

[21] 方海．现代家具设计中的“中国主义”．北京：中国建筑工业出版社，2007.

[22] 何镇强，张石红．中外历代家具风格．郑州：河南科学技术出版社，2003.

[23] 蔡易安 . 清代广式家具 . 上海：上海书店出版社，2001.

[24] 邵晓峰 . 中国宋代家具 . 南京：东南大学出版社，2010.

[25] 李立新 . 设计艺术学研究方法 . 南京：江苏美术出版社，2010.

[26] 李德君，孙巍巍 . 明清家具的艺术符号 . 北京：中国农业科学技术出版社，2013.

[27] 胡文彦，于淑岩 . 中国家具文化 . 石家庄：河北美术出版社，2002.

[28] 赵克理 . 顺天造物：中国传统设计文化论 . 北京：中国轻工业出版社，2008.

[29] 刘纲纪 . 传统文化、哲学与美学 . 武汉：武汉大学出版社，2006.

[30] 高丰 . 中国器物艺术论 . 太原：山西教育出版社，2001.

[31] 叶朗 . 中国美学史大纲 . 上海：上海人民出版社，1985.

第四章 | 明清竹家具的艺术之美

第一节　明清竹家具的造型之美

“将一根毛竹砍下，削表皮、磨竹节，像庖丁解牛一般将其削割成竹竿、竹片及竹条。处理好的竹子要在火上来回烘烫，当坚硬的毛竹被烤得软熟时，就可以拗弯变成竹椅的靠背连接杆，再用两头削尖的竹片嵌稳，铺好座板，将其压结实，一把椅子就完成了。”一把竹椅凝聚了老匠人一生的耐心。当竹遇上榫卯结构，即是竹家具的艺术。榫卯是中国古典家具的灵魂，不用一颗铁钉，单凭其中的榫卯结构，便可以使用上千年。

一、造型的含义

造型之美包含两个层面的意思。一是泛指物质产品及艺术作品的形体结构之美。造型美是人类社会实践发展到一定阶段提出来的必然要求，人的生产劳动是一种改变对象物质外观的造型活动，力图使对象满足人的物质需要和精神需要。物质产品的造型美要求符合整齐、匀称、对比、宾主、变幻、虚实、节奏等形式美的规律，有利或无害于产品实际效用的发挥；艺术作品的造型美要求思想内容与恰当的艺术形式的完美融合，其应是多样的、新颖的、独创的，乃至奇特的，使人获得生理和精神的满足。二是指艺术美的形态之一，即造型艺术的审美属性。造型艺术美的直观形式以空间为基础，以视觉为中心，其所依附的形象具有静止性、并列性、同时性和瞬间性。造型美的表现手段也用于其他艺术中，利用通感来增强形象的直观性，如语言艺术用文字、节奏、韵律进行文学造型；听觉艺术用音调、音色、力度、节奏、和声等进行声音造型。造型美兼有再现和表现的功能，与艺术形象的鲜明性、独创性直接关联。

二、明清竹家具的造型之美

一件家具，不管是竹家具还是木制家具，去除材质和其他外在因素的影响，单就造型而言，优秀的家具产品不但要有合理的功能尺度和结构，还应有令人视觉愉快的良好比例。家具长、宽、高的尺度关系，基本上取决于家具功能的需要，但也不是简单地根据功能去制作，在整体和局部上还需要认真地进行比例推敲，以求在满足使用功能的同时获得美观的造型（图 4-1）。

明清竹家具的造型美是竹家具艺术之美的主要内容之一，也是功能审美的有益前提。明清时期的竹家具，尤其是清代竹家具，从竹椅、竹桌、竹几、竹凳到竹案、竹箱甚至竹床，几乎包括了当时所有民间家具的类别。在造型上，明清竹家具主要以几何造型为主，包括矩形、圆形、正多边形等几类形体，整

图 4-1 清代 湘妃竹制炕桌

体规整有度、清新简练。但具体而言，按照不同的使用阶层，明清竹家具的造型可分为两种主要的特征：一种是以普通楠竹、毛竹为代表的民间竹家具，其造型朴素，结构相对简单，利用竹材的天然属性加工而成，是由社会底层人士在生产生活中创造而来，是对竹材物质技术的一种原生性总结，具有典型的民具特性，体现了“朴素自然，制器尚象”的设计哲学，是南方普通百姓家中常用的家具品种。另一种是以湘妃竹、紫竹、梅鹿竹等稀有竹材为制作材料，造型和结构主要模仿明清红木家具的宫廷竹家具。由于材质的不同，明清时期的竹家具在借鉴红木家具的基础上逐渐形成了其独特的造型特征，并且形成了以线为主要形式语言的造型手法。竹材相对于木材最大的优势是柔韧度高、易弯曲，因此很多明清竹家具在整体和局部的造型上也采用曲线的形式，在视觉上注意形体的收分起伏和线形的流利，优美的曲线结合朴素的直线，一动一静，使竹家具在整体造型上更加俊挺、灵动。如图 4-2 所示，这是一张清末竹制写字台，其骨架部分与各面层形成了轻与重的对比，结构清晰、层次分明，使竹家具的整体造型极为劲挺和简洁。竹材的坚韧柔和丰富了竹家具的形式变化，造型可直可曲，可刚可柔，用最简洁的形式表达传统竹家具的造型特点。这里的“简洁”不是“简单”，而更多的是“简练、简约”的含义。并且通过不同的粗细、长短、疏密、曲直的线的穿插与组合，以及线线、线面的相互结合，使竹家具的造型在统一中蕴含变化，进而又使其虚实相宜、轻重有致、挺拔大气，体现了明清竹家具简洁明快、典雅清俊的艺术风格。

图 4-2 清末 竹制写字台

三、明清竹家具的造型艺术特点

简练优美的造型与合理的功能是中国明清竹家具的重要特征。具体来看，明清时期竹家具风格的形成得益于其对材质的丰富、造型的古朴、装饰的简雅等方面的总体追求，朴素自然、简约静雅的风范在明清竹家具中展现得淋漓尽致。

1. 模仿硬木家具的造型样式——文人竹家具

传统竹家具的造型特点是具有线状穿插的形态结构，竹竿和竹条之间的排列、交错、连接形成了线与线之间的构成组合，丰富而不繁缛、朴素而不凡俗，从而形成中国传统竹家具独特的视觉魅力。

明清竹家具造型的特点，在某种程度上反映了中国明清时期的时代特征和地域环境。首先，竹子是江南地区独有的一种植物，江南地区自古就是文人墨客的居留地，其特有的文化氛围和书香气质成就了竹家具质朴典雅、温文尔雅的造型风格。其次，中国传统竹家具的造型主要受到了中国明式家具的影响。明式家具造型的特点是比较注重形态的线条美，线条的使用流畅而富有节奏，讲求造型的整体感，比例协调，做工考究。受其影响，如图 4-3 所示，中国清代传统竹家具在造型上也融合了明式家具简练、淳朴、厚拙、凝重的特点，在线条的使用上更加轻快与完美。

图 4-3 清代 湘妃竹制茶棚

明清竹家具的造型特点还有两个非常重要的方面就是结构及材料。结构是明清竹家具非常明显的一个特征，它主要由线状的毛竹以及部件组成（图 4-4）。直线秆件和弯曲秆件构成了竹家具的骨架。竹

图 4-4 明清竹家具的结构特征

图 4-5 清代 竹制圈椅扶手局部

图 4-6 清代 竹制圈椅靠背局部

家具的造型由结构组成，结构也是装饰的形式，由此产生了竹家具的线、形、色完美统一的造型。关于明清竹家具的结构之美，本书会在下一节进行详细的阐述，在此先搁置不谈。明清时期的文人竹家具虽然用材自然、造型简单，但是在做工上十分精致，工艺考究，非常注意造型中的竹材间粗细、竹材长短以及竹篾的美感表现。各种竹家具的面的处理都有适当的比例和尺度，线的运用自然流畅、简洁利落，在竹家具造型的结合处和转折部位加以不同的变化，形成直与曲的形式对比，产生丰富的造型形象。同时流行对牙子、券口等重点部位的装饰，增加了竹家具的形体美，这些都是中国民间竹家具在工艺上的独特韵味。例如图 4-5 和图 4-6 是清代竹制圈椅的局部，由搭脑向两侧延伸，顺势而下，与扶手整合成一条弧线，这种马蹄形轮廓是中国座椅独有的造型。其特殊的构造和精致的工艺使人就座时，肘部及臂膀、背部都得到了支撑，最大限度地增加了人体与坐具的接触面积，舒适而不疲劳。

2. 以实用为主的造型样式——民间竹家具

在明清时期，中国南方广大地区生产了各种优质的竹材，因此竹材也是当时的劳动人民最容易取得的制作家具、竹屋等的材料。竹材的可塑性大，原料充足、低廉，且生长周期短，于是明清时期的匠人便利用竹来编制竹椅。竹椅较现代的沙发更凉快且通风，现代崇尚环保的人们仍然视竹家具为时尚家居的选择。民间竹家具的造型不同于文人竹家具，其完全是民间匠人利用最原始、最朴素的制作方式制作而成。它并不像文人竹家具那样造型雅致、结构复杂、装饰精美，相反，其带有一丝粗犷和简约。以最常见的竹椅为例，如图 4-7 所示，明清时期的民间竹家具一般挑选较为成熟的原竹为材料，主要架构为不同粗细的竹管，应用竹家具制作的烘弯、钻孔、榫接、打竹钉等制作方法组合而成，其形式有方形、六角形、马蹄形等。常见的竹椅有餐椅、学士椅、太师椅等。其详细过程为先挑选竹材，将竹管锯成可作为椅脚与椅肚的竹段。在椅脚中央钻孔，再将椅肚穿凿过去。将椅脚和椅肚连接处以高温火烤，拗弯成 90° 。接着做椅面，在椅肚和椅脚上打洞撑入支架，加上边条并用暗榫固定，接着编入细竹条。在竹椅框架完成后，另以细竹管做各种榫接或用竹篾编织，以装饰和美化竹椅。将竹椅清洗，做最后的磨光工作，一把竹椅就制作完成了。

图 4-7 明清时期民间竹制靠背椅

在南方，家家户户都使用竹椅，孩子们可以把竹椅放倒睡在靠背和扶手上，婴儿可以坐在竹椅里，休息的时候可以躺在竹椅上，竹椅可以用来侧放挡门，防止鸡鸭进屋。到了现代，这种民间竹椅也是普通百姓家中必备的家具，从前搬着自家的竹椅去看露天电影，从这搬到那，从那搬到这，一把竹椅就像是一位无声的老朋友，默默地陪伴着你。随着社会的发展，竹椅的时代似乎已经过去了，现在会做竹椅的匠人也有很多转行了，加上没有什么出路，很少会有年轻人再去学这门手艺。余姚陆家埠的竹椅曾久负盛名，“竹椅子出在陆家埠”的歌谣也慢慢地消失了。你会不会怀念，那斑驳的竹椅带来的一夏清凉，与它带走的岁月和光阴。

第二节　明清竹家具的结构之美

一、结构之美

结构是用来支撑物体或者承受物体重量的构架形式。其主要包含两个方面的内容：一是各组成部分的排列组合形式；二是器物承受外力或重量的部分的构造。结构是任何物体都具有的构造方式，是物体的内在支撑和对外力的承受组织，任何物体都必须依靠结构来保持自己的形态，所以科学、合理地组织物体的内在结构形式，能使看起来脆弱的物体承受较大重量的压力。

结构美学不仅体现为实现功能的合理性，它的审美与人、技术、精神都有着不可分割的联系。现代主义所认为的结构美学，是侧重追求精确的尺度与结构和人之间的匹配度。“只要是能让事物展现美的属性、使人愉悦的结构都是美的结构”。结构美学的核心是人、机、系统的和谐共生，而任何物体不管是功能还是形式都离不开结构的支撑。

家具的结构指的是以功能的达成为内在逻辑，以形态的塑造为外在表现，将点、线、面、体等造型基本要素进行构架结合的过程。由结构设计给人们带来的审美感受称为家具的结构美。和所有造型艺术一样，木家具设计不仅是对大自然的简单模仿，还是在深刻认识的基础上，依据创造者自身的观念，对自然进行合理的改造和加工，使之符合功能与审美的双重需要。其中，对于自然进行的合理改造和加工，集中体现在对于木材的处理以及木家具的结构设计上。家具结构设计的本质是为了实现家具的使用功能，故其是一种非常理性的思维活动，需要遵循一定的科学原则和程序。而作为特殊的艺术形式，家具本身所传达的社会、经济、文化等诸多信息又赋予其深刻的审美内涵。因此家具结构设计的过程中需要用一定的美学法则和审美理念来对构思过程进行引导。良好的结构设计不但能够确保家具实用功能的达成，更能提升结构的美学价值。

明清时期的文人在造物理念中对结构美的追求是“精良，合宜”，即物体的结构是为匹配人的使用构造的，顺人势而为，追求精准的尺度关系和精细的构件衔接关系。文震亨在《长物志》中描述“中心取阔大，四周厢边，阔仅半寸许，足稍矮而细”[1]，其中可以看出前人对物体结构的规划标准，以及在尺度结构上的精准和客观的认识。从镶边、细足等可以看出造物结构工艺的精细程度，从对成品描述的视角可以看出造物结构的目标是精良。从典型的家具中可以看出，榫卯结构的复杂和精细，最终呈现为严丝合缝、含蓄地包裹在外形之内，结构精良之美不言而喻，如图 4-8 所示。再例如《长物志》中对橱的结构描述中提及“愈阔愈古，惟深仅可容一册。即阔至丈余，门必用二扇，不可用四及六。”即对于书橱的门扇结构，必须是二，而不能四或六。对于不同类型和功能作用的器物，应该选用不同的规划标准和结构知识来与之进行匹配，体现了结构的合宜之美。再如结构尺度上的合

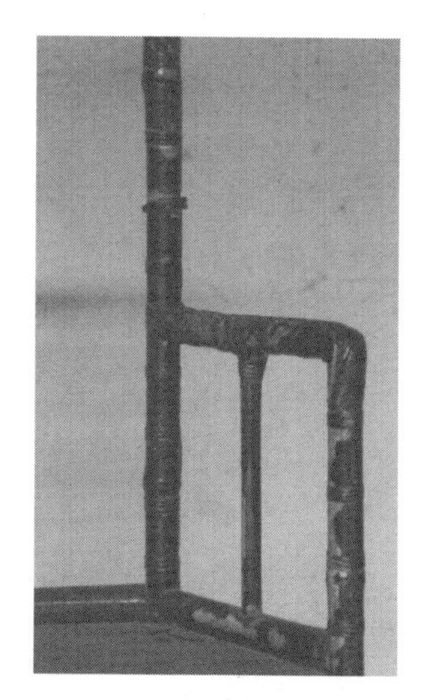

图 4-8　明清竹家具的结构

[1] 文震亨．长物志．南京：江苏文艺出版社，2015.

宜美，“房屋与人，欲其相称”，造物结构尺度的合宜感是需要围绕人的角度去把握的，“丈山尺树，寸马豆人”如《画山水赋》中所描述的一般，物的结构尺度设计是需要以人的客观生理条件为基础的。

二、明清时期竹家具结构的美学特点

竹材是一种天然材质，它的自然属性造就了竹制家具别具一格的结构特点和造型特征。竹子的中心是空的，因此榫卯结构并不适用于竹材，尽管在竹家具的制作中也有榫接的方式，但是这种榫接并不是硬木家具中的榫卯连接，两者在工艺和技术上存在着很大的区别。但是竹材也有自己明显的优势，就是其具有很强的垂直支撑性和抗压能力，这样就有助于弥补其不能榫卯连接的不足。明清竹家具的造型特点是具有线状穿插的形态结构，竹竿和竹条之间的排列、交错、连接形成了线与线之间的构成组合，变化中有统一，统一中又形成变化，从而形成明清竹家具独特的美学特征。

明清时期的竹家具以框架为基本结构，由于竹家具的类型及造型的多样性，竹家具的框架形式也呈现出多种多样、富于变化的形态，在主体框架上还有许多装饰性结构的扶手支架及框体支架。但是不论是什么形式的框架，基本上都是由线状零部件组成，这些零件都是由小径竹经过弯曲或校直加工而成。零部件如何搭配组合才能达到竹家具制作要求的框架样式并满足强度需要，这是竹家具框架结构的重要研究方面，也是框架结构形式的美学体现，是明清时期在制作竹家具时结构设计的关键。

此外，在整体构造上，明清竹家具表现为一种疏朗空透的间架结构。中国人认为人与宇宙是天人交流、无往不复的关系，应在俯仰宇宙中达到天人合一的理想境界。比如建筑中的亭台楼阁，或在墙壁开大窗，或边角立柱，四周中空，只为构造一种空灵的空间，为天人之间的交流创造条件。竹家具中也体现了这一空间与实体的美学观。这些都使明清时期的竹家具有一种天然的结构美——朴素、自然而功能性强。

结构是竹家具制造的最关键的环节，没有坚实可靠的结构，竹家具的功能、造型和装饰等其他部分就无法得到保障，如图 4-9 所示。清代竹家具的结构设计主要是依据竹材特性而展开的，稳固而简练是清代竹家具最大的特色。竹材的自然属性是中空有节、纹理通直、韧性极强，在不借助火的情况下，外力很难将其弯曲，这也是竹子为什么能象征“清高，不屈不挠”的精神的原因。凭借一些竹家具制造的专用工具就能对竹材进行简单的锯切、钻孔、开榫、弯曲及成型等。同时，由于我国南方广大地区地理位置的原因，竹子种类非常丰富。清道光四年（1824 年）的《广宁县志》中曾记载，就广东一地竹子的品种就多达十几种，其中包括青皮竹、筋竹、观音竹、撑篙竹、苦竹、铁篱竹、佛肚竹、文笋竹、茶竿竹和大头竹等。其中材用竹主要有青皮竹、崖州竹、毛竹（楠竹、茅竹）、撑篙竹、麻竹等；篾用竹主要有青皮竹、崖州竹、粉单竹、泡竹等，它们为竹家具的各种工艺、结构甚至造型的实现提供了坚实的材料基础。在结构上，清代竹家具的结构主要以梁柱式架构为主，与中国传统建筑和木制家具的结构一脉相承。制造竹家具时，工匠首先通过横竖方向竹材（主要是竹竿）的弯折拼合，构造出家具主体受力框架，然后再用竹片、竹条或竹篾的编排围合家具的界面，最后再利用小型竹竿、竹丝、竹篾等进行加固处理，进而创造出力学稳定、结构朴素的竹家具。为构建稳定的竹家具框架，清代竹家具普遍采用弯曲成型和相并加固工艺，并用连接工艺对竹竿端头进行收尾，以使整个构件规整美观。

图 4-9 清代 竹制六角扶手椅腿部

清代竹家具以方正的几何造型居多，这与其大多采用锯口弯折和剜口包榫

图 4-10 清代 竹制六角扶手椅腿部

图 4-11 清代 湘妃竹制炕桌

工艺有很大的关系。如图 4-10 中所示，为增强竹家具腿部的支撑力量，在两腿间的内侧都相并一根锯口弯折的几何状小竹竿，甚至还有一些几何状纹饰，其内侧小竹竿也用锯口弯折来实现。而在两腿间水平方向的转折处，则均采用了剜口包榫的工艺来约束腿部位置。除此之外，清代竹家具往往还对家具腿部横枨采用相并加固工艺，以提高家具的稳定性能。如图 4-11 中的清代湘妃竹制炕桌，其水平方向的横枨和弯曲的横枨就采用了该工艺。而在竹家具的座面、桌面以及受力面的编排中，清代竹家具则主要采用竹条板面工艺，并对竹条端部进行收口处理，或插接、或槽固、或压条，整体干净利索、整洁大方。另外，对于主体框架的端头收尾或横竖材连接，清代竹家具一般还采用榫接工艺，如图 4-12 竹椅底部的横枨、靠背，则明显采用榫接工艺。因此，整体来看，清代竹家具的结构工艺不仅安全稳定、层次分明，而且还便于加工，不仅满足了当时人们的生产生活要求，也形成了竹家具独特的美学特征。

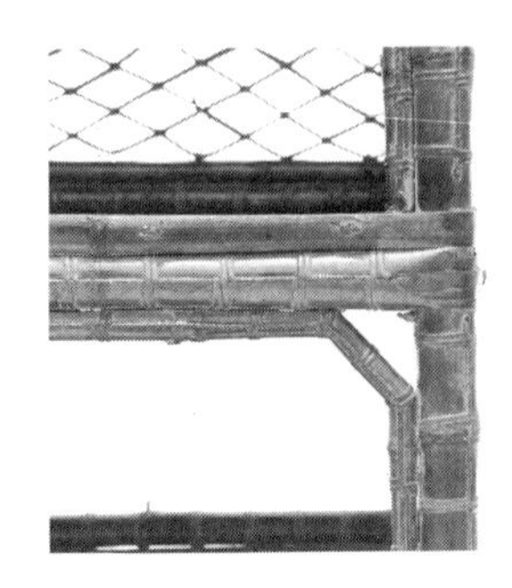

图 4-12 清代 竹椅局部

清代竹家具恪守“役物为人”的物用观，既追求器物的简适轻便，也强调功能的实用亲民。无论是英国建筑家钱伯斯在书中描绘的竹桌、竹椅、竹几，还是民间工匠制作的竹箱、竹案、竹凳，无不以鲜明的功能效用作为第一要务。图 4-13 中为一款婴儿竹椅，整体简洁利落、功能鲜明，不仅满足了婴儿的坐、玩需求，而且对于婴儿的生理、安全特性也有所考虑。设计时在其座面中间开了一个孔洞，并对其下部进行架空，不仅可以让婴儿安心坐用，而且还方便婴儿排便的打理工作，属于一款多功能家具。同时在安全方面，又采用棱台造型，上小下大，不易倾覆，并通过抬高靠背高度，以防止婴儿跌落。图 4-14 的六角形竹桌则通过采用一种中轴机构，使其六条腿可以围绕中轴进行收叠，进而方便竹家具的使用与存放，是对竹家具折叠功能的有益探索。从整体来看，不管是婴儿竹椅还是六角形竹桌，甚至是其他竹家具，均简便易用、功效突出，体现了明清时期“物用为人”的造物特色。

图 4-13 清末民初 民间竹制婴儿椅

图 4-14 清末民初 六角形竹桌

竹家具在结构上最具特色的审美部分就是其缠接和包角的视觉美感，这是任何一种家具都不具备的美学特征。另外，最能体现明清竹家具结构之美的重要特征是竹家具的缠接。竹家具框架连接中多使用缠接法，有单独运用缠接结构的框架，但多数框架是在包接和榫接的基础之上运用缠接结构，起到强固的作用。缠接材料可用藤皮，也可用牛皮。有许多缠接方法，可以变换花样，既体现技艺美和结构美，又有朴实自然之趣。框架的 T 字接、十字接、斜撑接、L 字接中运用的缠接结构既有相同之处又有区别。

T 字接一般有两种连接结构，一种是在横材上钻孔，藤皮通过小孔将结合处缠牢，如图 4-15 所示。另一种是不在横材上钻孔，用竹钉先把包裹在结合处的藤皮（或细藤芯）端头固定，再用缠接法将所钉藤皮的端头和钉缠住。立体 T

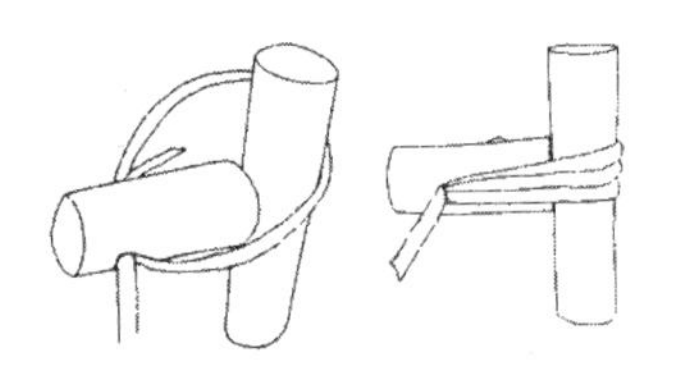

图 4-15 T 字钻孔缠接法

字角结合与 T 字接基本相同，先用钉固定端头藤皮（或细藤芯）于水平材上，然后用缠接法将水平材上的钉和端头固定，此法也同样适用于立体十字接。十字接的连接结构由于缠接方法的不同分为沿对角线方向缠接及沿对角和平行方向缠接两种，后者可获得较大的结合强度。沿对角缠接由于缠接方法不同，缠接的图案纹样也不一样。

第三节　明清竹家具的材色之美

竹材与其他材料一样，有其自身固有的色彩，日常生活中常见的竹材外表色彩为绿色、浅绿色、深绿色，竹肉的色彩一般是黄色或淡黄色。竹材的天然色彩一般因季节不同、含水率的变化而有所变化，大部分情况下，春季与夏季的竹材由于水分充足，其色彩呈绿色或翠绿色；秋季与冬季由于气候相对干燥，竹材含水率降低，其色彩为深绿色或浅黄绿色。深绿色为竹龄在五年以内的竹材，浅色为五年以上的竹材。由此可以看出，竹龄的大小对竹材色泽影响大，一般年久的竹材主要是由于叶绿素被破坏，导致色彩变化，年幼的竹材生命力旺盛，叶绿色相对较多。竹材表面光滑，色彩分布相对均匀，但常年朝阳的竹材，色泽会呈金黄色，相对处于阴面的竹材色泽亮度高。去除竹材表面的角质层与竹青色，我们看到竹材内部的竹肉和竹黄都是黄色或者浅黄色，这是竹材的共性。

一、明清时期的材料美学观

无论是古代造物活动还是现代工业化生产，我们所有可见和可触的物体都是基于其相应的材料而产生的，没有材料元素为基础也就没有实物，就更谈不上造物活动了。中国有句俗话说："巧妇难为无米之炊"，《考工记》中对材料的审美特征有一种表述："天有时，地有气，材有美，工有巧，合此四者，然后可以为良"。[1]王世襄在研究明式家具的审美时谈到了材料美的重要性，认为明式家具的五美之中，材料之美是最重要的，说明材料在造物活动与审美活动中的必要性。在整个创作过程中，材料的性质和选择对器物有着至关重要的影响。

从材料美的角度来看明清时期文人的造物理念，"自然"与"雅致"是当时对于材料审美的最高标准。他们在造物中十分注重材料自然的本质属性，认为越是原始天然的材料越具有物质和审美的双重价值。"自然清雅"的审美情趣构成明清文人造物时对材料选择与加工的偏好。例如在明代文震亨的《长物志》里对类似于现在的根雕木几的塑造中提及"以怪树天生屈曲若环若带之半者为之，横生三足，出自天然摩弄滑泽，置之榻上或蒲团，可倚手顿颡"[2]。在明清时期，有很多器物是由天然的怪木制作而成。所谓怪木，就是其形状不是由人工制作或雕刻而成，其造型完全是自然生长，而且形态各异具有很强的艺术性和观赏性。怪木几一般是由怪木的某一局部来制作成几，其他部位都保持怪木的原始特色，便成就了怪木几的形式与美感，充分体现了怪木本身的形态与质感纹理的天然之美。明清文人在竹家具的制作上多采用具有优美自然纹理质感的、原生态的优质竹材作为家具制作的主材，如图 4-16 所示，这也是明清家具之所以能流露出自然雅致之美的重要因素。在这一点上，明清时期民间的竹家具在用材上更注重的是竹材的实用性和耐用性。明代的美学家李渔认为应当将

---

[1] 闻人军．中国古代科技名著译注丛书：考工记译注．上海：上海古籍出版社，2008.

[2] 文震亨．长物志．南京：江苏文艺出版社，2015.

图 4-16 清代 湘妃竹制万字纹多宝槅

材料属性作为表现手法的灵感，依据材料的自然属性来决定家具的造型、形式、结构等的表现。李渔在《闲情偶寄》的山石篇中提到，“且磊石成山，另是一种学问，别是一番智巧”[1]。李渔还利用绘画中的例子来解释如何选取自然的材料，并利用材料本身的自然特性和自然纹理来塑造形态。“花间坼侧，以石子砌成，或以碎瓦片斜砌者，雨久生苔，自然古色。”

对“雅”的追求几乎是明清时期文人贯穿始终的造物理念。在审美上，赋予自然元素符号自然、古朴的雅。材料的天然之性自然而然也散发着典雅的气质之美，“典雅”之意指高雅而不浅俗，“典雅者，熔式经诰，方轨儒门者也”。在古代，典雅多用于形容那些富有学养且庄重不俗的人，而后我们将之视为美的一种境界。明清时期的文人这一群体足以作为雅的代表，他们在造物选材时不仅偏好自然，还对材料“雅”的特性有所追求。其选材上的喜好有所偏向，如造型别致精巧的石材，纹理丰富细腻的木材，清雅脱俗、色泽优美的竹材，温润剔透的玉材等。如果将“雅致”分为“雅”和“致”来理解，可解释为在选择具有“雅”性的材料之后，再在造物过程中将这一特性推向极“致”。如图 4-17 所示，这把竹椅的材料美学追求的根本原因也是源于古代文人的“天人合一”“独抒灵性”思想。通过材料本身的天然属性与雅致来塑造物体、表

图 4-17 清代 竹椅局部

---

❶ 李渔．闲情偶寄．北京：作家出版社，1995.

达情趣，是晚明文人喜闻乐见的造物观。晚明文人对于材料美的追求是基于对“自然”“雅致”的意境追求之上。

二、明清竹家具的材质之美

明清竹家具在制作上十分注重竹材的质地，许多传世的清代竹家具中有很多使用的是湘妃竹、紫竹、金丝竹等优质竹材。这些竹材质地细腻且韧性极高，色泽沉着且具有天然的斑纹和肌理，这些独特的自然特征使明清竹家具纯粹、率真的艺术个性得到了一定的升华。

竹子是天然的材料，自身有天然的色泽纹理，一根竹可以劈成十二层篾，尤其是靠近竹青的头四层篾，颜色依次由青渐变到黄绿，用其制作出的竹家具颜色显得和谐统一，又有韵律感。

天然的属性和特征使竹材成为最具多样性和功能性的材料之一。竹子的材质包含两方面，一是材料，二是质感。在材料方面，竹材更多的是表现出竹子的物理属性，而在质感方面，竹材更多的是传达着人文特征。竹子的天然属性展示了它的很多物理性优点，例如竹子的力学强度较高，相比大多数木材，其抗压、抗拉和抗弯性能更优，同时弹性和韧性较木材也好，不易折断。竹子在高温条件下会产生另一些优点，如质地变软，外力作用下极易弯曲成各种弧形，急速降温后可弯变定型，这一特点给竹家具以及竹制品的加工生产带来了便利，丰富了各种竹制品的造型，增加了竹材的艺术性和观赏性。

明清竹家具为充分体现竹子本身天然清新的自然美，多采用透明涂饰，即使着色也尽量做到清淡素雅，充分展现竹材本色。竹子刮青后制成家具会呈现淡黄色，给人以清新、淡雅之感；竹子质地精纯、柔雅亲和、肌理清晰，具有强烈的田园风格；保持竹材本色，可使人有回归自然、追寻宁静的体验。竹家具经过时间的磨砺，其颜色会经历从淡黄至金黄再到紫红的演变，以及从明亮到深邃古雅的变迁。总之，竹材无论是作为物理属性还是作为人文特征，都体现着自然之美与古雅之美。

三、明清竹家具的“包浆”之美

材质之美之外，就是明式家具的“包浆”之美了（图 4-18）。对于明式家具皮壳所呈现的“包浆”，其成因还未见有哪一本专著做专门的论述。“包浆”其实就是光泽，但其不是普通的光泽，而是器物表面一层特殊的光泽。大凡器物经过人的反复触摸，沾染了人的气息，经年累月之后，会在表面上形成一层自然的光泽，对家具来说也可称为“皮壳”，即所谓的“包浆”。也可以这样说，“包浆”是在时间的基础上，被岁月慢慢打磨出来的，那层微弱的光面异常含蓄，若不仔细观察还难以分辨。这种“包浆”从美学的角度来仔细分析，主要体现为明与昧、苍与媚的统一。说它明亮，“包浆”的光亮的确光华四射，引人注目，但仔细看，它又绝非浮光掠影，而是暗藏不露，有着某种暗昧的色彩。这种光亮十分神奇，古人也称其为“黯然之光”。说这种光亮苍老，其的确是经过岁月的洗礼而毫无火躁之气，但它又极其清新妩媚，仿佛“池塘生春草，园柳变鸣禽”。明与昧、苍与媚的和谐统一极其符合中国艺术精神，也符合中国文人的人生原则。香港作家董桥在谈到“包浆”时，有一比喻为“恍似涟漪，胜似涟漪”，这是十分贴切的。即所谓“温润如君子，豪迈如丈夫，风流如词客，丽娴如佳人，葆光如隐士，潇洒如少年，短小如侏儒，朴讷如仁人，飘逸如仙子，廉洁如高士，脱俗如衲子”。

图 4-18 清代“包浆”的竹制圈椅

四、明清竹家具的色彩之美

色彩是使自然界与人类社会丰富多彩的主要元素，色彩既能够传达信息成为一种符号，也可以使人产生联想和想象，让我们明白其传达的意义与信息。因此，有人说色彩是一种无声的语言。事实上，色彩本身是没有情感的，只是人们在观察的过程中产生了各种情感的反应。竹材的色彩是源于竹子的自然属性，是大自然丰富多彩的最好表征之一。

明清时期制作竹家具的竹材种类繁多，由于竹材品种、竹龄等的不同，其表面所呈现出的颜色也千差万别。如我们常见的楠竹，其色彩属于绿色系与黄色系，这类竹材占绝大多数。生活中还存在很多具有独特色彩的竹材，如凤凰竹、黄金竹、金丝竹等，其表面不经过任何处理就呈金黄色；紫竹与绵竹的表面呈紫色，竹龄越大色彩越深，竹的表面分布着大小不一的紫褐色斑块；花毛竹的表面有黄绿相间的条纹。尽管用于制作竹家具的竹材品种很多，但是具体可以把它们分为以下两个色系。首先是黄色系，以浅黄色、黄褐色、棕黄色、深黄色等为主的暖色调，给人亲近、温暖、朴素的感觉。黄色系的竹家具一般有两种情况，一是竹家具本身是由黄色的竹材制作而成，例如黄金竹，其通体为黄色且色泽柔和、亮度适中，没有特别跳跃突出的肌理，由于与生俱来的自然性，因此给人素雅、明快、轻松、自然的心理感受。二是当竹材干燥后由于氧化的作用，竹材慢慢脱水，青色渐渐退散，竹材的颜色逐渐变成淡黄色，在经过使用者长时间的摩擦或接触后，会有一种“包浆”效果出现，使竹家具的整体颜色变得很深，类似于黄褐色、棕黄色等，最后变成深沉的红褐色。这时的竹家具色彩变得饱和度很高，更有岁月的痕迹，这样的色彩会让使用者感到沉稳和放松。竹家具会随变色而具有古朴、稳重的分量感，使其更具有独特的艺术魅力。

绿色系是体现竹材自然风格的最佳色彩，也是竹家具制作出来后最初的颜色。绿色是大自然的色彩，竹材的绿色可以使人勾起对自然的向往，是人们渴望回归自然、崇尚自然的表达方式。崇尚自然是人们内心无法割舍的价值取向，是人类来自自然、回归自然的审美追求，自然材料是人类永恒不变的审美依据。绿色系的竹材具有活泼素雅的自然风格特征，是竹材生命力的体现，它外化了自然的气息，蕴含着深厚的文化底蕴，给人平静、安宁的心理感受。由于明清时期距离当代时间比较久远，所以我们已经无法看到当时刚制作完成的竹家具的色彩所呈现的样子，但是我们可以从今天的老匠人那里，通过他们的制造过程和结果来推断出当时明清竹家具的色彩状态。因为这些南方的老匠人都是一代一代口传心授的技艺，除了在制作过程中有的会应用一些现代的工具之外，其他的制作工艺仍然是原生态的古法制作。如图 4-19 所示，这是一把由浙江安吉的民间老匠人制作的竹椅，由于刚刚完成不久，所以这把竹椅的整体呈青绿色调。竹材本身的色彩有竹青部分的翠绿、青绿、淡绿、黄绿等，用现代色彩理论来说就是低明度、低纯度的色系。竹材加工时有两种工艺——去青和留青，两者在色彩上给人以不同的视觉感受。留青的竹材竹节明显，视觉上显得略微粗犷一些。竹材通体呈青绿色，表面细腻、光滑，在视觉和心理上给人以宁静、安详的感觉，会使人想到春天、青春和希望；呈黄绿色则淡雅、含蓄，给人以温暖、愉悦、提神、丰收的感觉，使人积极向上、进取和向往光明，并且易于结合装饰图案。竹材的自然材质有丰富的变化，竹青给人新鲜、清爽的感觉；竹材劈成竹篾后变得很薄，有良好的透光性，尤其是在阳光的照耀下，会有一种浮光掠影的质感。明清竹家具的质感主要以自然、清新为主，由于匠人的制造工艺、材料使用的差别，此时的竹家具呈现出的质感也不尽相同，有的粗糙朴素，有的光滑细腻，有的细密紧致，有的粗犷奔放。特别是当明清竹家具经过多年的氧化和与人体的接触，竹青部分慢慢褪色变成了深黄色，在同一件家具，甚至同一根竹材上

图 4-19 自然颜色的竹椅

会出现两种颜色的对比，色彩间的层层递进相似而含蓄，在视觉上给人以十分特别的审美感受（图4-20）。

图4-20 经过“包浆”后的竹家具

第四节 明清竹家具的装饰之美

一、装饰美

装饰艺术是人类历史上最早的艺术形态，也是人类社会最普遍的艺术形式，因此，装饰艺术对其他的造型艺术具有重要的价值和意义。装饰作为一种表现形式，具备了某种特有的文化内涵和形式特征。装饰设计也就成了表现某种文化内涵的艺术行为。人类学家认为，人类存在着一种不能根除的情感，即对于寂寥空间的恐惧和对于空白的一种由压抑转化生成的填补冲动。在人类文明及其文化生成与成长的同时，人对于自身个体意识的宣扬与尊重，也都通过装饰来得到满足，装饰对于家具设计来说同样如此。家具的装饰形态是指由于家具的装饰处理而使家具具备的形态特征。家具的装饰形态强化了家具形式的视觉特征，赋予了家具文化内涵，折射了家具的人文背景，使家具整体形态在室内环境中发挥装饰的作用，并增添了家具单体的装饰内容及观赏价值。装饰是以人类文明和文化的发展为基础而产生的，它本身便是文化的产物和文化的一种存在方式。家具作为一种文化产物，其装饰已经不再是一般意义上的物品，而是成为一种文化的象征，一种生活方式，即艺术化地生活的方式。现在人们对于家具的装饰艺术不仅停留在对美的欣赏上，同时由于它是对传统文化的凝练，还有方便人们识别、记忆和表达自身的作用，其以自己的物化形式和完整的社会功能而成为文化的符号。因此，我们可以通过家具中不同的装饰风格表达不同民族文化的内在特征和精髓。

中国古代哲学家庄子认为人是自然存在的一种形式，造物也应顺从自然原生性，发挥物的天然本质。老子也主张以朴素自然为美，他认为“五色令人目盲，五音令人耳聋”，又提出“大音希声”“大象无形”的主张。明式家具装饰顺应老子与庄子虚静、恬淡的思想，风格质朴而不俗，具有独特的美学个性和实用价值。明式家具一方面充分利用优质木材的天然纹理体现人们追求自然的心理，展现出一种“清水出芙蓉，天然去雕饰”般的艺术风格。与古人设计重功能而反对无谓的装饰，以追求器物而不饰为审判标准，及质真而朴素的设计审美意趣的理念是一脉相承的。另一方面装饰以素面为主，局部饰以小面积漆雕或透雕，以繁衬简，朴素而不简陋，精美而不繁褥。

二、明清竹家具的装饰方法

在装饰上，明清竹家具采用了两种鲜明的装饰性手法，一种是艺术性装饰，另一种是结构性装饰。艺术性装饰主要借助镶嵌、缠接等手段，将编织攒接的传统纹样填充于各个主要受力构件之间，进而局部封闭竹家具的围合面，增强家具的实体感，提高了家具界面的丰富性和美观性。如竹家具的望板、搭脑、靠背等上的装饰花纹（图 4-21）。而结构性装饰则主要是出于对竹家具结构稳定的现实需求，将家具的结构构件，如牙子、枨子、券口等进行艺术美化，进而在增强家具整体力学性能的同时，丰富竹家具的文化艺术内涵，如图 4-22 所示，竹案的拐子纹牙子和鱼肚券口等通过适当美化，提高了竹家具的人文旨趣。并且，整体来看，明清竹家具装饰以结构性装饰为主，这是对明末清初以来家具装饰法则的有效延续，而在纹样方面也以几何纹居多。究其原因，关键还是与竹材的特性及其加工工艺有关。竹材材质细密，纹理通直，富有韧性，可锯、刨、钻及热成型等；劈开后，又可以削分成细薄的篾片和细丝，能捆、能扎、能编，是良好的生态家具用材。由于受竹径、壁厚及纤维方向等方面的制约，竹材无法像硬木家具那样具有很宽的幅面，并且也不能进行雕刻装饰，不适合立体的艺术表现，因而也就决定了竹家具以线型构造为手段的装饰手法，或整竹使用，或利用小径竹，或用竹篾，即使编织弯折，也多限于二维平面和几何纹样。其竹编纹样的种类十分丰富，如菱格纹、方格纹、网格纹、拐子纹等，形成了别具特色的明清竹家具的装饰风貌。除此之外，在竹家具的表面，经验丰富的匠人还会采用藤条或大漆进行表面的装饰，甚至在清代一些宫廷或者官宦人家中使用的竹家具构件的末端，还填充包裹一些名贵的材料，如象牙、玉石、金属等，用来增添竹家具的装饰价值。

图 4-21 清代 竹椅上的装饰

图 4-22 清代 竹案上的装饰

三、明清竹家具装饰线构造样式

明清竹家具为了追求材质的自然清雅和造型上的整体线条感，在家具的装饰上主要是以素面为主、装饰为辅，仅见一些点缀装饰和在结构和功能上起到辅助作用的金属装饰。这些装饰部分通常面积较小，很多都是由小径竹穿插做吉祥纹样或连续图案，点缀的装饰图案都出现在家具适当的部位，与大的线条和大的比例关系的整体造型形成醒目、节制、得体的对比，这些装饰线的曲直高低、穿插错落的运用，丰富了家具的整体造型，更加赋予了明清竹家具在视觉上的韵律之美。

1. 曲线装饰

传统竹家具的竹材以圆竹为主，其自然的柔韧性给了竹材以柔美之感。通过弯曲加工所得到的装饰部件体现了竹家具造型中的曲线元素之美，使传统竹家具表现出动态、流畅、活泼、轻快的形态，给人以亲切、优雅之感。竹材经弯曲加工可得到多种弯曲形态，如图 4-23 所示，在这张清代竹制翘头画案的装饰中，案面和四腿连接处大量地使用了由装饰线（弯曲的小径竹制成）所构成的曲线装饰，竹材弯曲的弧度自然、流畅，同时保持了竹材特有的色泽和纹理，在经过开槽弯曲处理后，又利用缠接、嵌插、榫接等传统接合方式，构成了整个画案的主要装饰。其装饰的曲线形式可以是几何曲线，也可以是自由曲线。几何曲线的造型方式具有一定的形式美感，给人以高雅、隽秀的美感；自由曲线的造型方式给人以婉转、流畅的轻松之意，不仅打破了几何造型所带来的拘谨和呆板，还增加了装饰线条的动感。曲线装饰线的应用拓展了竹材的特性，并将传统曲线元素融入整体造型中，精致而细腻的装饰曲线使竹家具更具有人情味和传统的古典韵味。

图 4-23 清代 竹制翘头画案

2. 直线装饰

传统竹家具可以通过不同的接合方式实现直线造型方式所表现出来的美感，连接方式有榫状对接、T 字接、十字接、L 字接、并接、嵌接、缠接等。小径圆竹通过直线的相互穿插所形成的几何状纹饰是一种静态美，给人以刚直、单纯、简朴的感觉。如图 4-24 所示，竹椅圈口和券口的牙子所构成的装饰线采用的都是直线造型，同时不同粗细的原竹的对比使用会产生不同的情感特征。大径级的装饰线给人以强健与力量感，不仅具有装饰意味而且还可以加强结构的力学稳定性，但也会在视觉上显得钝重和粗犷；小径级的装饰线则表现得轻快、秀丽、规整而简约，具有轻巧的体量美。

图 4-24 竹家具装饰线

由于硬木家具主要使用榫卯接合，所以其装饰构件的造型也十分灵活和多样。以明清家具为例，明式家具的装饰构件是家具结构的组成部分，其不仅在结构上使家具更加牢固，在细节处也起到了点缀和美化的作用。这些点缀装饰的线条在曲直、宽窄、粗细中所构成的变化，产生了截然不同的形态差异，如牙子（牙条和牙头）、券口、圈口、挡板、矮老、卡子花等。以牙子为例，明式家具中牙子的形式丰富多样，可分为直线造型和曲线造型。但是和竹家具不同的是，木家具的装饰线更加复杂和灵动，有的线条虽为几何形状，但不是单纯的直线或曲线，而是一种抽象或具象的线型，与明式家具的腿部融合，表现出家具的神韵和风貌；有的则施作精美的花纹雕刻，这些隐匿的线条生动流畅，使家具的装饰线条更加丰富和优美。明式家具中的装饰线还包括一些富有象征意义的自然形象的装饰纹样，如回形纹、祥云纹、卷草纹等。这些装饰纹样所呈现的线条样式比几何线形更富于变化，使家具装饰栩栩如生，增强了明式家具的艺术深度和人文底蕴。这些装饰线只在局部做精致小巧的处理，和整体的直线框架形成鲜明的对比。另外，明式家具的装饰线条隽秀绮丽、疏密得当、简洁明快，通过线条的穿插衔接，兼顾了整体与局部之美；装饰线条时而华丽时而简约，通过交叉变换达到了虚实相间、灵动活现、雅俗共赏的视觉效果。

明清家具造型艺术中的装饰和形态、结构交相呼应、相得益彰，显示出十分鲜明的艺术特征和高度的美学价值。明清竹家具的装饰艺术相比硬木家具要逊色得多，更多地表现出的是实用质朴的审美理念。如图 4-25 所示，为清末竹木三

图 4-25 清末 竹木三屉桌

屉桌。此桌由竹子和榆木制成，是较为复杂的竹家具类型——桌面和抽屉由榆木制成，其他部件主要是竹子制作而成。其装饰主要体现在角牙和绦环板部件上。角牙由若干细竹弯折、穿插，呈回纹状，绦环板处作方形双环卡子花式，这些装饰手法和图案与桌子整体配合协调，装饰效果较好，是实用美和艺术美的双重展现。如图 4-26 所示，为清末竹制圈椅。此椅的显著特色是利用竹绳沿着椅圈弯曲和长度方向，将竹枝包捆在一起以增强接临部件的牢固性，起到实用功能的同时，具有较好的装饰效果。此椅的联帮棍用两根弯曲的小径竹制成，在强化结构的同时，具有很好的美感。靠背整体也呈曲线造型，中间最主要的嵌板是一个斜的八边形栅格，上下两个嵌板采用小径竹部件垂直插入凹陷中的设计手法，靠背板的装饰效果十分自然，富有变化统一的形式美感。利用细竹弯成平顶拱形，制成券口部件以加固座椅，也有一定的装饰美感。从以上两例可以看出，明清竹家具的装饰主要体现了实用美和自然美。

图 4-26 清末 竹制圈椅

参考文献

[1] 沃尔夫冈·努什．家具和壁橱结构设计手册．李威，译．北京：中国林业出版社，1992.

[2] 吴旦人．竹业学基础．长沙：湖南科学技术出版社，1999.

[3] 张齐生，程渭山．中国竹工艺．北京：中国林业出版社，2003.

[4] 胡长龙．竹家具制作与竹器编织．南京：江苏科学技术出版社，1983.

[5] 彭舜村，潘年昌．竹家具与竹编．北京：科学普及出版社，1987.

[6] 胡文彦．中国家具鉴定与欣赏．上海：上海古籍出版社，1994.

[7] 胡长龙．竹家具制作与竹器编织．南京：江苏科学技术出版社，1983.

[8] 陈大华．竹家具制作．贵州：贵州人民出版社，1988.

[9] 朱新民，等．竹工技术．上海：上海科学技术出版社，1988.

[10] 陈祖建．竹木家具造型特征的研究．福建农林大学学报（哲学社会科学版），2006（09）.

[11] 杨耀．明式家具研究．北京：中国建筑工业出版社，2002.

[12] 杭间．中国工艺美学史．北京：人民美术出版社，2016.

[13] 陈乃明．江南明式家具过眼录．杭州：浙江人民美术出版社，2018.

[14] 李砚祖．造物之美：产品设计的艺术与文化．北京：中国人民大学出版社，2000.

[15] 刘文利，李岩．明清家具鉴赏与制作分解图鉴．北京：中国林业出版社，2002.

[16] 牛晓霆．明式硬木家具制造．哈尔滨：黑龙江美术出版社，2013.

[17] 严克勤．嘉木怡情——明式家具审美丛谈．北京：中国大百科全书出版社，2016.

[18] 李渔．闲情偶寄．北京：作家出版社，1995.

[19] 蔡成．地工开物：追踪中国民间传统手工艺．上海：上海三联书店，2007.

[20] 张齐生，程渭山．中国竹工艺．北京：中国林业出版社，1997.

[21] 关传友．中华竹文化．北京：中国文联出版社，2000.

[22] 李超德．设计美学．合肥：安徽美术出版社，2004.

[23] 李砚祖．装饰之道．北京：中国人民大学出版社，1993.

[24] 余肖红，李江晓 . 古典家具装饰图案 . 北京：中国建筑工业出版社，2007.

[25] 郑巨欣 . 民俗艺术研究 . 杭州：中国美术学院出版社，2008.

[26] 濮安国 . 明清家具装饰艺术 . 北京：故宫出版社，2012.

[27] 张�梓 . 中国传统家具结构装饰部件艺术研究 . 昆明理工大学，2014（06）.

[28] 王燕 . 清家具腿部雕刻装饰风格的研究 . 青岛理工大学，2016（05）.

[29] 于江美 . 明清家具装饰形式流变初探 . 东北林业大学，2008（06）.

[30] 胡德生 . 胡德生谈明清家具 . 长春：吉林科学技术出版社，1998.

[31] 李宗山 . 中国家具史图说 . 武汉：湖北美术出版，2001.

[32] 徐敏 . 明清家具牙子部雕刻图案及应用研究 . 中南林业科技大学，2013（05）.

第五章 ｜ 明清竹家具的技术之美

第一节　技术与技术美学

可以说，从人们开始学会使用工具的那一天起，就有了捕鱼、狩猎、耕作以及建屋筑巢的活动。技术是人类从事生产和为之生存而劳动的手段，反映了人类制造和使用工具的生产活动的基本特征。技术美是旧石器时代，人类第一次在制作石器的过程中形成的一种审美形式。它的发展过程是随着人类社会和科学技术的进步而发展的一个漫长的历史过程。它是每个不同历史时期的审美形式和技术水平的技术表现，是人类在日常生活、劳作中最常见的审美存在。

技术美学是西方在20世纪30年代提出的一个美学概念，是一门研究人与技术、人与自然、技术与自然三者之间审美关系的科学，即追求技术美的本体论。它最早应用于工业生产中，因此又被称为工业美学或劳动美学，随后被广泛应用于建筑、农业和服务业等相关领域。20世纪50年代，捷克设计师帕特尔·塔克纳首次提出“技术美学”的概念。从那时起，这个名字得到了国际技术美学协会（1957年在瑞士成立）的承认并且在各个领域广泛使用。“技术美学”这一名称在中国也具有传统性，它包括设计美学、工业美学、建筑美学等相关内容。美的定义在古往今来的无数哲学家们那里已经探讨和争论了两千多年，至今仍然没有得出明确的结论来说明美到底是什么。在西方，关于美的最早的论述是毕达哥拉斯的“美是和谐”“美是和谐与比例”等。在中国，先秦时期的思想家庄子在《庄子·内篇》中道：“天地有大美而不言，四时有明法而不议，万物有成理而不说。”[1]大美、明法、成理存在于天地、四时、万物之中，是天地、四时、万物的组成部分。而西方的柏拉图则认为：“美是理念，是美的具体事物所以美的原因。美不是美的具体事物。”[2]在这里，柏拉图所说的理念是指具体事物的规定、性质和组成部分，是指人们通过认识实践活动，从个别具体事物中区别、界定、表现和抽象出来的抽象事物，包括两个或两个以上相反的成分和概念。即美不是美的具体事物，而是美的具体事物所包含的抽象事物。美是美的具体事物的普遍表现、普遍本质和组成部分。美不是美的具体事物的全部，它只是美的具体事物的一部分。

如今，关于“美”的答案依然是个谜，上面提到的各种理论也是因人而异。到底什么是美，仍然是一个值得讨论和研究的问题。美不是事物的直接属性，美是特定事物促进社会与人的生存及发展的功利表现、积极意义和积极价值。美与人类世界的感性活动有着必然的联系。也就是说，美存在于人的主体实践中。因此，美是人类社会实践活动的产物，它是随着社会实践的发展而产生的，并随着社会实践的发展而不断壮大。美是通过一种更理智的，有时是更多的身体接触来展现给我们的。正是在这种体验中，技术对象才能为我们审美化。英国的休谟说过：“美不是事物本身的属性，它只存在于观者的心中，每个人看到的都是不同的美。”[3]马克思对美学有着深刻的理解，他揭示了真理追求、善的追求与审美的必然关系。审美活动作为一种内在动力，成为促进人类再生产和物质化自然的伟大过程中的精神支撑与力量。美的规律作为人类生存和发展

---

[1] 方勇（译注）. 庄子. 北京：中华书局，2015.

[2] 黑格尔. 美学. 朱光潜，译. 北京：商务印书馆，2004.

[3] 叶朗. 美学原理. 北京：北京大学出版社，2009.

最深刻的内在规律之一，体现在人类所有创造性发展历史的伟大实践中。

技术之美是人类活动的创造性的精神结晶，是从手工业到大工业化时代不断发展的产物。在这里，美与功能联系在一起，并以有用为前提。例如如果一件家具不符合使用的目的，一把椅子坐起来不舒服，即使装饰再美、再奢华也是不美的。中国传统艺术家有个行话叫“艺中有技，艺不同技”，这句话把艺术和技术的联系表达得非常深刻。

“技术”一般是指人类改变或控制周围环境的手段或活动，是人类活动的一个特殊领域。最初的技术只是将现有的自然资源，如石头、树木和其他植物、骨头和其他动物副产品转化为简单的工具。材料通过雕刻、凿刻、刮擦、缠绕和烘烤等简单的方法转化为有用的产品。人类学家发现了许多早期人类利用自然资源建造的住所和工具。在中国，“科技”一词出现在《史记》中，意思是“技艺方术”。英语中的“technology”一词由希腊语中的工艺、技能和理性组成，意为工艺和技术的讨论。“技术”一词在17世纪首次出现在英语中，当时它仅是各种应用工艺的统称。从早期开始，科技就与宇宙、自然、社会一起构成了人类生活的四大环境因素。几千年来，它在很大程度上改变了社会的面貌。然而，直到19世纪技术才开始迅速发展。在古代，技术和科学是分开的，科学知识属于哲学家，而技术则属于工匠。中世纪以后，随着商业的迅速发展和社会经济交流的活跃，科学技术相互接近。19世纪，技术慢慢地以科学为基础，进入了一个崭新的发展时期。

如果把“技术”理解为人们在劳动生产中所积累的经验、知识和技能，那么我们可以从技术的应用层面分析，“技术概念”主要集中在原理、方法和应用领域。在不同的技术美学定义中，从不同的角度阐述了技术的本质，不同用途的技术适用范围也不同。在徐恒醇所著的《设计美学》一书中论及“技术美”时写到，“技术是与人类的物质生产活动同时产生的。它是调节和变革人与自然关系的物质力量，也是沟通人与社会的中介”[1]。

《中国大百科全书》中对“技能”的定义是：“通过练习获得的能够完成一定任务的‘动作’系统，‘技能’按其性质和表现特点，可区分为动作技能和智力技能两种。”[2]当一个人的行为具有有意识的目的，并且总是受到某种动机的刺激和美化时，就会产生技能。因此，技能是完成有目的活动的必要条件。我们在学习、工作和劳动时需要相应的技能，没有技能人们就不能进行有效的活动。艺术是指主体具有实用价值和审美功能的一种创造性的艺术活动。技术、技能和技艺的区别主要体现在工具的使用上。技艺和技能主要局限于人类肢体和感官的直接使用和表达，而技术则主要体现在对于工具的使用上。因此，自工业革命大批量生产机器以来，技术所涵盖的领域主要体现在对机器的操作和应用上，而技艺更多地体现在对传统手工艺的制作和表现中。

“技术美”是一种综合的美，是技术活动和产品审美价值的体现，它是技术美学表现出的最高范畴。著名美学家李泽厚认为，将商品的技术美当作工艺美是错误的，但不顾或远离物品的功能而追求工艺美也是错误的。现代技术美的健康发展趋势是服从、适应和利用物品的功能与结构，尽可能使其审美化，重视材料的美和材料本身的结构美，尽量避免不必要的装饰和造作。李泽厚认为技术美的本质是合规律和合目的性的统一，这是李泽厚美学实践观的应用与拓展，对中国技术美学研究具有一定的启发意义。正如日本美学家竹内敏雄所指出的，技术自古以来就伴随着人类历史而存在，无论是古代手工艺品还是现代工程技术都应该包含在内，只是两者之间的功能效率有很大的差别。只要产品符合其目的，并伴随着某种程度的审美效果，那么它的技术美的结构就没有本质的区别。

---

[1] 徐恒醇．设计美学．北京：清华大学出版社，2006.

[2] 中国大百科全书出版社编辑部．中国大百科全书．2版．北京：中国大百科全书出版社，2011.

第二节 明清竹家具技术美的特征

无论是在手工艺时代还是工业化时代，技术之美都越来越受到人们的关注，技术美学主要是解决“人与物质文化”之间的审美问题，是“审美主体与客体”之间的相互作用问题。中国传统的手工技艺由最初时期的强调布局、功能、结构等技术方面的工艺特性，发展到明清时期的注重“人性化”“感官”的形态，虽然都是以技术作为其出发点，但每个阶段所呈现出的表现手法与重点都不尽相同。以明清时期的竹家具产品为例，一件竹家具从最初的设计到制造以及各种技术的应用，对于其结构、造型、装饰等都有着非常直接的影响。为了更好地提高和完善竹家具的功能，在设计与制造的过程中，任何技术上的改革和创新，都势必会带来整个竹家具在结构、材料、造型等各方面的变化。如改变腿足之间的接合方式、改变竹家具的用材种类（材质、色彩等），这都将导致竹家具外观形式和视觉审美上的变化。由上可知，“竹家具的技术之美”不管是手工时代的工匠技艺还是工业时代的机械生产，都是存在于各种技术活动及其所造之物中的美，它是一种综合性的美的体现。

明清时期是中国工艺技术水平高度发展的成熟时期，人们对产品的技术要求、功能和审美的共同需求也越来越高。技术美自然也成为衡量一件设计作品的重要标准之一。尽管当时并没有出现技术美学这一概念，但技术美的观念正是通过这种逐渐扩展的、具有普遍意义的审美意识而逐渐根植于造物观念当中。在明清时期的《闲情偶寄》《天工开物》等古籍中都提出过符合中国传统美学标准的技术美范畴和相关的形式法则。把技术美的基本原理具体化，帮助人们解决在生产生活的审美活动中出现的各种复杂的问题。这也体现出技术美学独有的强大生命力，虽然技术美学的相关理论不能直接参与到竹家具产品的设计与制造中，但技术美学却在为贴近具体的设计活动而做努力，并为设计提供诸多美学意义上的参考。从这个意义上来讲，技术美学是设计创新中不可或缺的一部分。

竹家具在中国有着悠久的历史，从古至今，中国南方地区几乎家家户户都能看到竹家具的身影。从婴儿刚出生时用的竹椅（图 5-1），到孩童蹒跚学步用的竹车（图 5-2）；从夏日户外乘凉的竹榻到老人们喝茶休闲的竹椅，这些竹家具已经成为中国人心中具有物质和精神双重性功能的技术产品，是技术实践与生活美学得以物化的载体。一件竹家具从设计到制造必然要遵循技术美的基本原理。同时，技术美学也能够解决在竹家具设计中带有普遍意义的设计理念、设计方法等问题，同时也关注竹家具在制造中出现的具体问题。就明清竹家具的设计和制作而言，在技术美学上的研究是对“结构”原则和“技艺”方面的探讨，所显现的是明清时期竹家具的结合方式、结构方式等。中国传统竹家具的结构原则是家具所承受的外力，主要来自上、下、左、右四个方向，无论是榫卯连接还是其他结合方式的设计，都是以框架结构为基础的直线连接和弯曲连接模式，并以此为基础发展衍生出中国传统竹家具精妙绝伦的连接结构。中国传统竹家具的制作融合了力学与美学，从一个个竹件连接的扣合间，创造出令人欣赏的艺术精品。由此可见，技术所具有的美学价值观以及手工生产价值与程序，都是由结构的科学性和艺术性所呈现出的一种“技术美”的认知。

图 5-1 20 世纪 70 年代 婴儿竹椅

图 5-2 20 世纪 70 年代 儿童竹车

一、明清竹家具技术美的特征之一：取材

取材是明清时期在制作竹家具过程中的十分重要的技术手段之一，取材的目的是为制作竹家具产品准备材料。本节将从材料的选择和对原材料的处理两部分入手，对明清竹家具的取材原则、操作规范等相关技术做详细具体的分析。

古代匠人一般将竹家具取材的主要工序分成选材和下料。

明清竹家具的制造技术主要是产生于民间的手工艺，是一种原始的智慧。明清时期，湖南、江浙、福建等地区的民间竹家具大多是运用直径在5cm以下的麻竹（图5-3）为骨架、楠竹为辅助部件，利用火制技术加工而成的。传统竹家具的制造技术是一种世代相传、口传心授的民间传统手工制作工艺。明清时期，中国湖南益阳地区盛产竹家具产品，并且形成了一整套科学、系统、完整的竹家具制造技术，例如郁竹工艺。所谓郁竹工艺一般分为“大郁”与“小郁”两种，两者所采用的技术原理基本上是一致的，只是在选材、结构方面有一些细节上的区别。如小郁采用的是直径较小的麻竹，而大郁则采用的是直径较大的楠竹。

图5-3 天然麻竹

1. 选材

竹子具有材性好、易繁殖、生命力强、生长快、产量高、成熟早、轮伐期短等特点，是一种天然速生材料。竹材不仅和木材有着相似的质感，而且色泽更加柔和、纹理清晰、手感光滑且富有弹性，给人以良好的视觉、嗅觉和触觉感受。竹材质量轻、韧性好、强度高，是一种优质的家具制作原材料。同时，竹材又生态环保，是一种难得的绿色材料，其二氧化碳的吸收量是其他普通树木的四倍，在竹材的加工过程中具有可以车、可以铣、可以雕刻的材料性能。更重要的是，竹材可以被完全回收而且通过技术手段还可以再次利用。

明清时期用于制作竹家具骨架结构的竹材为麻竹，又叫甜竹、大叶乌竹，牡竹属，秆丛生，竹竿直而纤细，在中国南方大部分地区也被称为刚竹。笔者翻阅大量书籍与文献资料后发现麻竹与刚竹分属不同竹种，因此不可视为同一竹种。由于地理环境的影响，湖南益阳地区出产的麻竹的质量最高。在制作竹家具的面板一类的结构时通常会用到楠竹，也叫毛竹，刚竹属，秆散生。楠竹在我国南方的很多地区是产量较高的一种竹种，材料质量上乘，用途广泛。

竹材不仅具有优美的纹理质感，其力学强度大，劈裂性好，容易加工，制成的竹家具等产品稳定性好。据有关研究表明，竹材的抗拉强度为木材的 2~25 倍，抗压强度为木材的 1.5~2 倍。钢材的抗拉强度虽为竹材的 2.5~3 倍，但一般竹材的密度为 0.6~0.8kg/m^3，因此，如果以单位重量来计算强度，则竹材单位重量的抗拉强度为钢材的 3~4 倍。

材料选择的优劣会直接影响到后期竹家具产品的质量，对于很多有经验的家具制作匠人来说，选择好的材料几乎就是成功的一半，尤其是在制作一些特殊的家具品类时，如较为名贵的湘妃竹家具、紫竹家具等，选择有特殊造型、色彩、肌理的竹材、竹鞭或竹头等，都将极大地增加竹家具产品的艺术性与观赏性。明清竹家具在选材上主要采用的是“因用取材”的原则，针对不同的产品以及不同的使用要求来选择不同的材料。例如竹椅、竹床、竹桌等需要力学支撑类的竹家具一般选取 4~6 年生的麻竹竹竿为主要原材料，因为这个竹龄的麻竹在抗压强度和韧性上都是最优质的，其他部件需要辅以 4~7 年生的楠竹，在制作部件时，则需要根据竹家具的造型要求，有目的性地选择其他品类的竹材（图 5-4）。

在制作竹家具的选材上，明清时期有经验的手工匠人一般会遵循以下几个原则。

首先要考虑的是竹龄问题。竹龄在制作竹家具上十分关键，需要选择成熟度高的竹材，以 4~6 年生的麻竹为宜，这种竹材纤维结构紧密，材料厚重结实，竹材含水率约为 70%，收缩性较小，制成竹家

图 5-4 竹材的选料干燥

具后结构紧实牢固、经久耐用，同时，4~7 年生竹材比 1~4 年生竹材虫害要少 30%。1~4 年生的竹材一般称之为嫩竹，这种竹材的纤维结构比较疏松，材质不结实，竹材含水率也较高，收缩性较大，很容易腐烂并造成虫蛀，因此不适合制作竹家具产品。老竹和嫩竹的区别可以从颜色上分辨，老竹呈现黄色，嫩竹呈现青色；从亮度上来看，老竹较为光亮，嫩竹较为暗晦；从水槽上来看，老竹水槽比较浅，嫩竹水槽较深；经过刮青处理后的竹材，可以从刮青之后的表面光洁度来辨别，老竹刮青后表面较为光滑，光洁度比较高，而嫩竹刮青后则显得较毛糙，光洁度比较差。

其次要考虑的是竹材的砍伐季节。不同季节砍伐的竹材品质也有所不同，对于制作竹家具以及竹家具产品后期的使用寿命、保养等都有很大的影响。春季竹材虫蛀率高达 40% 左右，因为春季是害虫交配产卵的季节，因此春季不宜采伐竹材。而夏季采伐的竹子虽然组织紧致、材质硬、不易遭虫蛀，但夏季采伐的竹子加工性能不好，因此夏季也不适宜采伐竹子。秋冬季节，竹材的生理活动机能减弱，养分大部分存储在根中，竹材内部养分含量降低，竹材的含水率比较低，竹材组织紧密、质地坚固、强度大，再加上冬季是害虫休眠的季节，因此竹材不易遭虫蛀。

最后要考虑的是竹材直径和竹材的质量。明清时期的匠人一般选取直径为 20~35mm 的麻竹来制作竹家具的骨架结构，像竹家具支撑结构的腿足、面板、撑条等部位则可选择楠竹为原料。竹材中上部的竹壁较薄，竹竿节间距较长，所以选择整根竹材的中上部制作竹家具的骨架。制作竹家具要选择质量优良的竹子，表面有裂痕、虫蛀及表面过于弯曲或弯曲过于密集的竹材都不应该选择，除了上述几点之外，竹材在生长成材过程中的环境情况也是需要考虑的因素。日照充足、生长正常的竹材结实，反之，阴山竹、断梢竹、风桩竹等竹材材质粗糙低劣，制成竹家具之后会直接影响到竹家具的使用效果和使用寿命。所谓风桩竹或断梢竹是指竹材在成长过程中遭到外界环境的破坏，竹材表面呈白色且暗淡无光，内部纤维结构粗糙，竹黄不光滑，呈现凹凸不平状的一类竹材。

2. 下料

下料一般是依据匠人或参与设计的文人们事先绘制好的图纸要求，将采集来的各种竹材锯成相对适应的长度。明清时期的匠人一般采用的是细锯和手锯，由于各种竹材在用途上不同、大小也不同，所以锯的大小规格也不相同，一般锯条的长度在 50~70cm。锯齿大小一般分为 4 种：一种是锯齿较大的，齿距为 3.3mm 的手锯，专门用于毛竹下料；一种锯齿大小居中，齿距为 2mm，专门用来锯麻竹和开口，称为龙锯；一种齿距比较小，齿距为 1.7mm，专门用来锯压片斜角；还有一种专门锯花格与装饰部件的小锯，齿距只有 1.4mm。在使用手锯时，应保持方向的一致性，一是为了保持锯口的平整，二是为了保护工具。

工匠在选材之后，还要根据设计图纸的要求对材料进行下料处理，具体要经过以下几个步骤。

(1) 计算

根据前期所绘制的图纸的要求，计算出所有郁口的位置，围竹与立柱竹围郁的地方都要尽量避开竹材上的竹节，因为竹节处是竹子网状纤维结构密布的位置，在此处郁口会影响围郁的效果。对于需要利用火弯的部件，需要事先计算出并标注出弯曲点的位置，在选材时优先选择与所需弯曲造型相似的竹材，再根据弯曲点进行下料。

(2) 加工余量与储存

在下料之前根据图纸计算出所需材料的长度，要充分考虑到后期结构的制作，所有材料需预留 10~15 个的加工余量，榫卯结构位置所预留的竹材长度的多少，要根据榫眼的深度进行合理的延长，当然在实际操作中，还要根据用材的实际情况以及一些特殊情况进行合理的安排配料，这样可以最大程度上地节约用材。

木材需要在室外进行天然干燥，以达到制作家具的含水率，竹材也是一样。在存放竹子的场地或仓库，应预先做消毒和杀虫以及灭菌等方面的处理，然后将竹子储放在阴凉通风的场地，要绝对避免阳光的直射。新鲜的竹材有很高的含水率，可以利用烧油工艺蒸发出竹材的水分与油脂，然而竹材和木材一样，在自然的环境中空置一段时间后竹材就会自然干燥，竹材干燥后会发生开裂和变形，因此刚砍伐的竹材储存的时间一般不超过七天，如竹子存放过久，在使用前要经过泡水处理来增加竹材的含水率。

(3) 刮青与车节

在制作竹家具某些特殊的部位或者某些工艺品时，需要去除竹材表面大约1mm厚的表皮，比如制作竹椅座面、靠背片等。具体操作规范为，用刮刀刮去竹材外表皮，刮的时候应注意刀刀相接、一刀到尾，不要使竹材表面留下刀痕，同时也要注意掌握力度，不能损伤竹青层，刮青之后的竹材表面光洁美观。车节工艺在制作竹家具时应用得相对比较少，只是在一些比较特殊的地方才使用到，比如在制作竹家具中一些较大的装饰件时，明清时期的竹家具一般会保留竹子的竹节，用来寓意“气节”“高洁”的品性。车节的具体操作是使用车节刨在竹节部位沿竹竿弦向推刨，刨的方向要一致，同时转动竹材一圈，即可将竹节刨干净。

（4）打磨

明清时期的匠人在制作竹家具的过程中，要对竹材进行多次打磨，对不同部位的打磨所使用的器具及操作规范皆不相同，因此对匠人的打磨技术要求很高。首先，在取材后要利用细砂与稻壳混合打磨竹材表面，以去掉竹材表面的蜡质；其次，在加工过程中要利用细砂打磨整个家具的用材部位，必要的时候还会采用手持打磨砂轮，对一些需要装饰的部位或者一些要求较高的竹家具产品，其表面质感要求打磨的精度更高，多会采用精细的砂轮进行多次打磨。

明清时期的竹家具艺人在选材方面最大程度上保留了竹材的原始特性，将竹材自然清丽的美感得以保留，同时也体现出竹子“虚心有节”“刚正不阿”的文化品性，使中国的传统竹文化得到了最大限度的体现。由于每根竹子在外观上都有着各自的差异，因此由圆竹所制成的竹家具在外观上也会呈现出独一无二的美感。不同的肌理、不同的材色、不同的造型都反映出竹材浑然天成的自然属性，可以说，世界上找不到任何两件完全一样的竹家具产品，这也极大地提升了明清竹家具的艺术价值与经济价值。明清竹家具的取材工艺也体现了中国传统造物思想中的源于自然、崇尚自然的朴素环保的设计理念（图 5-5）。

二、明清竹家具技术美的特征之二：火制

竹材宁折不弯，生性刚直。在常温的状态下对竹子进行郁制弯曲势必会导致竹材的折断，且自然生长的竹材一般都不是笔直的，其形状多为不规范并呈弧线形。竹材想要达到制作竹家具的设计要求，就需要借助火来完成。火制技术是明清时期制作竹家具中一项特殊也是最为核心的工艺技术。火制是通过火烤加热竹材，使竹材内部纤维软化，改变竹材的物理属性，从而对竹材进行造型设计，需要调直的地方调直，需要弯曲的位置火弯，从而形成明清竹家具丰富优美、曲直相间的造型，使明清竹家具具有极高的观赏性和艺术性。可以说火制工艺贯穿于整个明清竹家具的制作过程。大概所有竹家具包括竹制器物在制作上都离不开火，明清竹家具的制造对火的利用更是达到了炉火纯青的地步，在长期实践中，明清时期的匠人们总结出一套火制塑形工艺技术，主要有烧油和火弯。

图 5-5 车节打磨后的湘妃竹

1. 烧油工艺

竹材内部的糖分、蛋白质、脂肪与水是影响竹材加工性能的重要因素，利用火烤对竹材进行加热，竹材内部的营养成分随着水分一起被蒸发析出，这种技术在制作竹家具的过程中一般被称为烧油。

砍伐的新鲜竹材含水率达到 70% 以上，通过火烤加温，竹材内部的水分和油脂受热蒸发，竹纤维素分子间隙增大，竹纤维离散性增强，从而导致内部组

织结构发生软化。如果竹纤维发生软化会影响到竹材表面的材性，因此可以对其进行调直或郁弯的处理。在用火烤制的过程中，竹材内部的有机物，如糖分会由于高温而随水分一起慢慢地蒸发排出，因此烧油处理也可以使竹材起到防霉防蛀的作用。

竹材在自然生长中会造成一些弯曲，竹材不可能是笔直的，为了达到设计的要求，竹材需要经烧油之后，在竹纤维还未冷却之前对竹材进行校直处理，使弯曲的竹材趋于笔直。因此，烧油的过程实际上包含了烧料与调直两个过程。

具体的过程是首先要火烤加热，这个技术需要由两名工匠一起配合完成，一位工匠抓取 7~8 根下好料的竹材，在特制的烤炉上缓慢地推拉式烘烤加热，而另一人则注意观察竹材的受热情况以便及时调整火候大小。在整个烧油过程中要始终注意竹材受热的均匀程度，有经验的工匠会根据火势的大小来调整烧油的距离，不可使温度过高，过高的温度会使竹材因碳化而失去弹性，导致无法进行下一步的加工。一般竹材表面温度达到 120~150℃时，即可以达到竹材出油的最佳状态，但这不是绝对的，要求工匠要随时观察竹材表面出油的情况，根据经验判断竹材水分释放的状况，然后去调整火候的大小。待竹材锯口处开始冒出热气，竹材烧出的油脂出现微黄的状态时，就要马上停止加热，取出放置一旁冷却。同一批次的竹材，也会由于竹壁的薄厚、含水率的多少、直径大小等的不同而采取不同火烤的时间及温度，因此，在加热过程中，操作者要及时观察每根竹材在火烤过程中的表面变化状况，以便及时做出调整，以免因为温度过高而使竹材发生不可逆转的材性改变。

其次是竹绒勒油。将烧好的竹材取出，用竹绒来回迅速擦勒，一直擦拭至竹节和各节间都没有黑油为止。经过竹绒的反复擦拭之后，竹材会还原其本色，自然古雅。选用竹绒勒油的好处是取材方便，在竹家具制作现场会有很多加工后残留的竹绒，易取易得、方便使用。竹绒是一种天然的竹纤维材料，用竹绒擦勒竹材比用其他材料擦拭的效果要好。最后，这种方式不仅节约了制作成本，还提高了整竹利用效率。勒油时应该注意动作要迅速，不能拖泥带水，在保证擦拭干净的前提下动作完成得越快越好，如动作缓慢，竹材表面烧出来的油质会因冷却而变得干枯，这样就不容易擦拭干净，从而影响到整个竹家具表面的视觉美感。

烧油的最后一步是弯曲校直。烧油之后将需校直的竹材置于校直台上，将竹材弯曲拱起的部位置于木墩之上，一端用铁钩固定住，匠人手持另一端慢慢施加压力，利用杠杆的原理，在压力的作用下竹材弯的部位会凸上去，再用抹布蘸冷水擦拭竹材校直的部位，使竹材纤维迅速冷却定型。竹纤维冷却之后，纤维素分子活动减少，竹材外形就不会发生改变。再接着校直其他弯曲部位，直到整个竹材全部校直完成。由于竹节的特殊纤维结构的影响，在调直某一弯曲部位时，先调直节间弯的部位，后校直竹节。

在明清竹家具中对麻竹、楠竹、湘妃竹等进行烧油处理，对于竹家具的制作如下几点好处：首先，加热软化的竹纤维可以非常容易地对竹材进行校直或者弯曲处理；其次，在加热过程中，随着竹材水分与油脂的排出，可以溶解竹材表面的杂质，将竹材擦拭干净之后可以使竹材的表面更加光洁、色彩更加亮丽；最后，在加热过程中，竹材内部的水分被蒸发，使竹材的含水率在很大程度上得到了降低，减少了竹家具在制成产品后的收缩和开裂。

2. 火弯工艺

火弯工艺的技术原理和烧油工艺一样，但所要达到的效果却完全是相反的。火弯是指将直的竹材进行各种弯曲处理并制成各种形状，有的是为了塑造竹家具的造型，如向后弯曲的座椅靠背，弯曲的睡椅扶手，弯成正圆形的圆桌桌围等；有的是为了对竹家具进行装饰，起到美观与协调的作用，如弯成波浪形的竹柜顶端的拱门，弯曲成各种形状的各类活动桌椅的脚料等。正是通过各种不同大小、粗细、长短弯曲的形状来突显明清时期竹家具制造技术的精湛。

火弯工艺是一个技术性很强的工艺，这需要工匠具有十分丰富的实践经验与娴熟的技巧。在火弯过程中，有效地把控好时间及力度，是技术成败与否的关键，具体分为选料、上墨、火弯、定型几个步骤。

（1）选料与上墨

从已经烧油处理的竹材当中选取弯度尽量接近设计要求的竹材，这样是为了更容易弯曲成设计造型。依据前期绘制好的图纸，估算火弯的部位以及要安装的位置，在即将火弯的位置用墨画好标记，做到火弯时心中有数。

（2）火弯和定型

将需要火弯的竹材一端固定在火柱孔内，一名工匠站在火柱前方，左手握住竹材另一端，右手持火把，让竹材需要弯曲的部分弯曲面朝下，把火靠近需要弯曲的部位，均匀、缓慢地来回移动火把，使弯曲面均匀受热。由于竹节纤维的结构要比竹材其他的位置紧密，因此在遇到竹节的部位时，需要多烤30s左右。火烤的同时，经验丰富的匠人会根据手感，一边火烤一边用手慢慢地把弯曲面往下压，火弯的速度不能过快，如果竹子纤维还没有完全软化好就用力弯曲的话，竹子就会开裂乃至变形。但也不能过慢，烤制的速度过慢，竹子已经超过了软化要求，就会烤煳、烤黑，这样竹材就会报废。火弯是个基本的技术工艺，纯粹靠经验来掌握它的受力度，当火弯到预设弧度时要马上停止加热，然后用干竹绒将火弯处擦拭干净，再用冷水或者湿抹布在弯处来回擦拭，使竹纤维冷却定型，大概需要擦拭四次后竹材才能定型成功。将材料进行火弯时，不管零件有什么样的弯度要求，弯的部位不同，或弯数有多有少，其火弯的基本技术和方法都是一样的。

3. 火制工艺理念

明清竹家具制作中的火制工艺有着浓郁的农耕文化的痕迹，是中国古代劳动人民在长期的生产实践活动经验中发明和总结出来的。用火来改变竹材的物理性质，使竹材适用于生产、生活的要求，从而发明和创造出具有实用价值及艺术价值的竹家具产品，这种朴素、自然的设计伦理理念具体体现在两个方面。

（1）就地取材，综合利用

火制技术是中国明清竹家具中最为传统的纯手工操作，就是在科技发展的今天，也没有专门的机械产品和技术来代替手工生产制作。火制技术的优点第一表现在火制所需的工具基本上都是手工打造的，工作台和火柱都是采用圆竹制作而成；火把采用的是劈细的竹梢和竹枝；燃料则是利用废弃的竹头、竹竿、竹节，在火弯部件时可采用碎竹片进行填充；烧油的过程中，擦拭竹材表面水分与油脂的是废弃的竹绒，其擦拭效果之好是其他任何材料所不能比拟的，既可以将火烤之后的竹材表面擦拭干净，还不会损伤竹材表面。第二表现是火制工艺不存在任何的污染，加工中的边角废料都可以派上用场，提高了整竹利用效率。

(2) 借火塑形，崇尚自然

明清竹家具的品类多样，造型、结构也富于变化，且具有一定的审美价值和艺术价值。这些都是由于在制作竹家具的过程中，较多地运用了火弯后的弧形装饰纹样以及弯曲造型，尤其是在宫廷中使用的湘妃竹家具等，这些竹家具不仅具有实用功能同时还具有很强的观赏性和艺术性。经过火制处理后的竹枝可以缠绕出各式各样具有吉祥含义的纹样，如卍字纹、回形纹等。竹材的枝干可以按照人身体的结构曲线弯曲成适合的弧度，使人在使用时更具舒适性（图 5-6）。同时也可以将有弯度的枝干调得笔直，用以制作椅类、桌类家具的腿足，使其方中带曲、刚直挺拔。火制工艺

图 5-6 使用火弯工艺制作的扶手椅

促进了明清竹家具的发展，使竹家具产品更加多样化，同时也增加了竹家具的使用人群。在明清时期，上至王公大臣，下至黎民百姓，尤其是在民间，几乎家家户户都在使用竹家具产品，在很多流传至今的明清画作中都可以得到佐证。火制工艺加工的竹材在最大程度上保持了竹材的原始结构和材色之美，不但结构坚固耐用，同时还具有自然朴素的古雅之美，极大地体现了明清时期在造物上崇尚自然、尊重自然、物以致用的设计原则和理念。

三、明清竹家具技术美的特征之三：郁制

“郁制”是明清时期湖南益阳地区在制作竹家具时常用的一个术语，这种工艺在竹家具制作中是必不可少的技术之一，其过程、手段、工艺、技术都大同小异，有的地方也将这种技术称之为“拗制”。郁制几乎贯穿了整个竹家具制作工艺的全过程，并且具有多重的含义，有时它是指某一道具体的工艺名称，有时又可以指代整个工艺过程，使用在不同的地方就具有不同的意义。郁制技术的含义具体是指郁制骨架结构的方法，称之为“郁制结构”。这个阶段主要是对竹家具的基本结构和骨架进行搭建，整个工艺步骤并不繁复，但却是最重要的一个环节，同时也是竹家具制造最为核心的一道工序。骨架结构组合搭建的好坏直接关系到竹家具最后的造型和质量，就如同建设房屋和楼阁，必须要有扎实牢固的地基一样。在对竹家具进行郁制时也必须做到骨架牢固、连接紧密、结构紧凑。

明清时期的竹家具种类十分丰富，尤其是清代的竹家具目前仍有很多传世的精品。另外，明清时期的民间竹家具和宫廷竹家具这两类产品的制作工艺大体相同，本节以民间竹椅的制作为例，分析明清竹家具的郁制技术及其所呈现的美学特征。

1. 上墨和围竹

不管是什么造型的竹椅都有四根或四根以上的立柱，为了保证竹家具结构

的稳定，需要在每根立柱竹相同的位置做标识，以明确围竹与立柱竹相交的位置。具体操作方法是，用一根废弃的竹材作为标杆，在其上面将所有围竹的位置标记出来，然后以这根竹材为标准尺规，在四根立柱竹上依次用锯划一圈，留下围竹位置印记，四根立柱竹的每个围的部位都要一致。尺规竹材充当了工具尺的作用，但又比工具尺方便，不需要对每一根立柱竹都进行划线和测量，大大地节省了制作的时间。围竹一般分为头围、二围、三围和底围，每一根围竹都要在与四根立柱竹交集之处开口，这样同样也需要一根废竹来做标尺，按照尺寸在围竹上标出开口位置并轻轻锯下一道槽痕。

2. 折篾和锯口

一般情况下，每根立柱竹的周长都存在差异、大小不一，所以在围竹上所开的每个开口的长度也都不一样，需要制作一些小篾条来测量每个立柱竹上围处的周长。所谓折篾是用竹刀将竹节长的竹筒劈成小条状，再用篾刀分层，取约 1mm 厚的竹青层作为折篾使用。折篾实际上充当了皮尺或者软尺的功能，使用折篾的好处是折篾在量得立柱竹周长之后可以直接掐断多余的部分，而有经验的工匠大都知道折篾长度的 9/16 大约即为此处开口的长度。根据折篾所测得的每个开口长度，依次在相对应的围竹位置上用手工锯锯出开口两边的深度，约锯至围竹直径一半处。应当注意如果围竹直径小一些，在锯口时还要进行扣墨。所谓扣墨就是指开口长度比立柱竹周长的 9/16 还要少一点，大约减少 1~2mm 的长度。另外确定开口长度也需要根据实际情况，自然形态的竹材有圆有扁，针对较扁的竹子，开口长度需适当缩短，这样围起来才会恰如其分，比较紧致。还有需要注意的一点，在头围的位置一般是采用平围，所谓平围就是将两根围竹上下并列地围在立柱竹的上面，两根围竹要结合紧密，不能一高一低，这就要求将两根柱的并列面削至平整，使之紧密结合，并且两根围竹所对开口也应一致，这样围合起来的竹家具各部位之间的结构才会紧密自然、美观精致。

3. 挖口和挖黄

开郁口后要打郁口，由于竹材纤维素的特殊排列状况，在锯出口子之后可以很轻易地用刀背将不需要的部位敲掉，这样就得到了所要开口的基本形状。然后再用尖刀挖出开口两边的弧度，在挖的过程中需要仔细观察立柱竹的直径及形状，所挖开口的弧度要与立柱竹的直径及形状相密合，弯曲围制后正好包围立柱，这样围过来的支架比较紧扎。同一围竹上的所有开口都必须处于同一水平面上，这样制作出来的竹椅支架才方正美观。开口之后，需要将围竹两头削成“鸭嘴”形状，即在围竹的头部削一个约 0.5mm 的卡头，尾部约 15mm 处削去直径的一半，再将剩余一半削成尖嘴状，便于围竹围成后两头卡合固定。挖完开口后进行挖竹黄处理，只留下韧性强的竹青层。挖黄之后竹壁变薄，便于弯曲，提高了竹家具的装配质量。挖竹黄时，要先在锯口下的竹黄部位进行横挖，然后再纵向挖，这样便可以将竹黄轻松挖干净，扣挖的深度视竹壁的厚度而定，通常保留 1~2mm 厚的竹青为宜。

4. 烤口与围制

麻竹材料的直径决定开口不可能很大，加热时火焰不应太大，以免烧损竹材其他部位。火烤时，将竹材开口处的竹黄面和竹青面轮番在火上慢慢移动，以保证开口两面受热均匀，并仔细观察开口青面的变化，要不时地用手轻轻扭动开口，当可以轻松扭动开口时，即可以停止加热。开口在加热之后，迅速在立柱竹上进行尝试性的围制，目的是为了使开口基本定型，再进行围制时就更容易弯曲，不易破裂。火制开口的过程需要匠人有丰富的经验，一气呵成，不可破坏开口，火烤同时注意保持竹材开口面的干净。

围制成形是制作整个结构的最后一个步骤，一般是先在立柱竹上开一小口，然后将头围围竹的鸭嘴插入此小口，将第二根立柱竹放入郁口内，再依次放入第三根和第四根立柱竹，然后将卡口卡入鸭嘴根部，这样头围就围制成形了，随后依次将二围、三围、底围全部郁制完成，至此，竹框架就成形了，但是整个产品的制作还并没有完成。

5. 打栓和安撑

由于明清时期的竹椅是纯手工制作，很少用到胶、金属钉之类的零件，因此很多竹家具在使用几年以后，围竹会发生下滑脱落的现象。为防止竹家具结构骨架松动、围竹下垮的情况，就需要在围竹下面的立柱上进行钻孔，然后将竹钉（也叫托栓）楔进去。竹钉的形状一头为方形，另一头为尖状，有点类似于今天膨胀螺丝的作用。在竹钉被打入之后，需要将两头多余出来的部分切掉，这样可以保证竹椅或其他竹家具产品的整体骨架的长期稳固。

为加固整个竹椅的强度，同时也为了便于进行下一步辅助部件的固定，需要在相关部位安装撑子。撑子一头是留两个插销插入与之呈直角的竹子中，另外一头加竹钉稳固（图 5-7）。围制竹家具的骨架主要是控制围竹与立柱竹之间的配合度，想要搭建好竹家具最基本的骨架结构，就要求竹材在开口的长度上要十分准确，开口宽度与围竹直径需要基本一致，所有开口的深度也需要一致。开口的两端都要留有与家具支柱相适用的弧度角，并且同一根围竹的所有围口都必须在同一个水平面上。围制竹家具的要求根据家具品类的不同而灵活地运

图 5-7 清代 竹椅直角与弯曲的撑子

用各种工艺技法、结构方式、造型原则等技术手段，制作出既符合使用功能又具有审美情趣的竹家具产品。

对于明清竹家具技术之美的研究是对传统手工技艺的美学价值进行系统研究的一个重要环节。是为了更好地保护和传承传统手工艺，传承和发展中国传统技术所带来的美学价值和意义，并且将这种技术美的审美内涵与外延与今天的审美趣味相融合，使越来越多的人能认识优秀的传统制造工艺文化，认识到传统技艺所带来的美学价值，扩大传统手工艺的应用道路，提升传统手工艺的文化内涵与艺术价值。笔者认为不是所有的传统手工艺都应该走机械化发展的道路，如本书所研究的传统竹家具以及其他的竹工艺产品。但是对传统手工艺必要的改良与创新是值得提倡的，由于篇幅及个人能力有限，本书关于明清竹家具的技术之美的研究还有很多的不足之处，尤其是对技术的改良创新所带来的美学意义研究不够，同时也未能详尽阐述所有优秀的明清竹家具的传世精品，期待以后能继续开展对中国传统竹家具的研究，继承传统，深入地挖掘和研究中国的竹家具文化，使其发扬光大。

参考文献

[1] 方勇（译注）. 庄子 . 北京：中华书局，2015.

[2] 黑格尔 . 美学 . 朱光潜 . 译 . 北京：商务印书馆，2004.

[3] 叶朗 . 美学原理 . 北京：北京大学出版社，2009.

[4] 徐恒醇 . 设计美学 . 北京：清华大学出版社，2006.

[5] 中国大百科全书出版社编辑部 . 中国大百科全书 .2 版 . 北京：中国大百科全书出版社，2011.

[6] 吕九芳 . 中国传统家具榫卯结构 . 上海：上海科学技术出版社，2018.

[7] 吴智慧 . 竹藤家具制造工艺 . 北京：中国林业出版社，2009.

[8] 伍嘉恩 . 明式家具二十年经眼录 . 北京：故宫出版社，2016.

[9] 陈增弼 . 传薪：中国古代家具研究 . 北京：故宫出版社，2016.

[10] 王琥，王浩滢 . 设计史鉴：中国传统设计技术研究 . 南京：江苏美术出版社，2010.

[11] 李砚祖 . 造物之美：产品设计的艺术与文化 . 北京：中国人民大学出版社，2000.

[12] 李泽厚 . 美的历程 . 北京：生活・读书・新知三联书店，2014.

[13] 李泽厚 . 华夏美学 . 武汉：长江文艺出版社，2019.

[14] 陈建新 . 李渔造物思想研究 . 武汉：武汉大学出版社，2015.

[15] 杨先艺 . 中国传统造物设计思想导论 . 北京：中国文联出版社，2018.

[16] 胡长龙 . 竹家具制作与竹器编织 . 南京：江苏科学技术出版社，1983.

[17] 彭舜村，潘年昌 . 竹家具与竹编 . 北京：科学普及出版社，1987.

[18] 胡文彦 . 中国家具鉴定与欣赏 . 上海：上海古籍出版社，1994.

[19] 胡长龙 . 竹家具制作与竹器编织 . 南京：江苏科学技术出版社，1983.

[20] 陈大华 . 竹家具制作 . 贵阳：贵州人民出版社，1988.

[21] 朱新民，等 . 竹工技术 . 上海：上海科学技术出版社，1988.

[22] 张宗登，张红颖 . 潇湘竹韵：湖南民间竹器的设计文化研究 . 南京：江苏凤凰美术出版社，2017.

[23] 涂途．现代科学之花——技术美学．沈阳：辽宁人民出版社，1987.

[24] 曾雯君．家具技术美的表现形式研究．中南林业科技大学，2013（11）．

[25] 周翠微．家具审美评价体系的研究．中南林学院，2002（12）．

[26] 徐芃鹏．基于晚明文人思想的中式家具 2.0 版设计研究．江南大学，2018（06）．

[27] 孙明磊．明式家具体现传统美学内涵研究．东北林业大学，2008（06）．

[28] 马鸿奎．功能之美：美学的超越与回归．学术交流，2018（06）．

第六章 ｜ 明清竹家具的功能之美

第一节　何谓功能之美

一、合理的功能形式是美的形式

功能与形式是一个相对的范畴，功能与形式是密切相关的。合理表达内部结构或恰当表达功能的形式是一种美的形式，这就是中国古代提倡的“美与善”的思想。一个合理的功能形式是一种好的、善的形式，所以它必须也是一种美的形式。原始石器中的箭头、石斧、石刀、刮刀等工具的功能结构的完善，与造型的对称、流畅、美观以及实用功能有关。这种功能形式是以适用、合理以及典型的结构为基础的。它之所以赏心悦目，不仅是因为功能，而是它本身也有美的元素。设计之美、工艺之美、科技之美等都来自于功能技术的发展，它是一种基于实用性和目的性的美。因此，设计之美本身就是功能和结构的反映。换句话说，设计之美不同于一般艺术之美，这是由设计的实用性所规定的。人们从实用性和效益的角度来看待设计之美，这也说明了人们对设计和绘画的审美要求在出发点上是不同的[1]。

---

[1] 李砚祖．艺术设计概论．北京：清华大学出版社，2002.

当然，事物的有用性和功能价值具有其自身的特征。就美与功能之间的关系而言，只要结构和功能的形式能够真实、完美地表现出来而不是表面化，并且充分考虑了人类的理性要求，无论其形式是什么层次，它都可以说是美的形式或具有美感的形式。苏联著名飞机设计师安托诺夫曾经说过，“技术越完善，美学上就越完美。相反，如果很难看清组件的表面，则表明它的内部可能存在技术上的错误和不足。”[1]作为一种功能美的形式，功能结构的形式不仅适应不同场合和实际需要，而且与“真”和“善”联系在一起。

在分析美的价值和功效的价值之间的关系时，特别是在自然美、技术美和艺术美领域中效用的价值时，日本著名美学家竹内敏雄认为，可以从审美角度和功能角度看自然物体。因此，如果这些物体具有符合这两种意识和态度的特征与品质，则可以同时美观而有用[2]。天然产物在理论、实践和美学态度的任何方面都是开放的，而作为纯艺术的人造产品则仅限于美的对象。像艺术品一样，它们是根据美的定律制造的，并考虑了美的作用，以便唤起人们的审美感觉。也就是说，艺术设计的产品不仅是实际的对象，还是要观察的美学对象。这与纯艺术的纯粹形式相反，后者与效用无关，它是完全符合生产目的的有用物品。例如，现代大型军舰、轮船和航天飞机是极其实用的功能结构，它们的形式使人感到美观，这是一种高级技术美和合理的功能美。因此，在艺术设计领域，合理的功能形式是美的形式，是使用与美的统一，或者是使用与美的特征的结合。

二、功能之美是功能与形式的统一

与纯粹的艺术造型让人们欣赏的初衷不同，家具生产和生存的目的是首先要被人们使用。因此，不同于艺术美的非功利性，家具美包含绝对的功利目的。目的性、适用性和适当性是衡量家具美观的重要标准。尽管与特定功能分开的

---

[1] 黑川雅之．设计的悖论．刘大卫，译．北京：中国青年出版社，2018.

[2] 竹内敏雄．美学百科辞典．刘晓路，何志明，林文军，译长沙：湖南人民出版社，1986.

抽象形式也可以给观看者带来感官上的愉悦，但是这种形式不能再称为家具，它的美学感觉与家具的功能美无关。相反，将功能作为家具设计的唯一基础，家具的形式只会成为功能的叠加，很难与美观联系在一起。也就是说，只有合理的功能形式才能发挥功效。

家具功能美的实现取决于家具功能与形式之间的协调关系，而家具功能美的实质在于功能与形式的统一。那么对于家具来说，功能和形式之间的关系是什么？传统美学将这个问题归因于形式和功能的双重性。一种关于“二元对立”的观点坚持认为，美的形式是超级功利主义的，美学是对物体形式的观察，这与产品的功能目的无关。对于家具而言，功能只是家具对象与其用途之间的联系，可以通过相应的技术来解决。家具美学意义的基本来源是形式，这是一种形式主义的方法，可以将家具的美感概括为家具的形式美感，从而将形式和内容之间的关系分开。在现代家具领域，由于产品的分类很细致，而且大多数功能都基本清晰，因此设计过程通常是简单地从平面到三维。但是在平庸的造型中，形形色色的符号难以捉摸，而且，直接放弃功能因素的考虑，单纯地“玩”材料和“玩”形式，也许结果看起来不错，但实际上却是不容易使用的。“二元对立”的另一种观点认为，家具的美在于其适用性，并强调了实用功能的发挥。一个非常舒适的椅子就意味着美丽吗？事实已经证明，实际上有效的不一定是美丽的，并且家具的实用性或功能完整性不能简单地等同于美观。这种观点混淆了审美价值和功利价值之间的关系，并且很容易从功能至上转变为极端功能主义[1]。

对形式主义和功能主义的极端解释将导致它们的完全对立，这是单方面的和消极的。“先有鸡还是先有鸡蛋”的思维方式无助于解决形式与功能的关系。面对家具领域的情况，将系统思维与“服从功能”思想相结合，可以帮助我们

---

[1] 胡波．基于功能意义的家具设计研究．中南林业科技大学，2010（05）．

理清家具的形式与功能之间的关系，为家具的审美功能思想带来启发。家具领域的现实是家具的功能应首先满足需求，并通过结构、形式去实现这种功能。家具的外观形式应符合主体的美学并具有特定的功能。根据系统理论的观点，家具是具有一定功能的形式系统。功能是家具系统与外部环境之间的相互作用，形式是家具系统的外部性能和功能的外部化。形式元素的组合和连接取决于产品的功能目的，并受形式美、技术和物质条件的规则限制。形式与功能之间的辩证关系是对立统一，是家具功能美的重要基础。

第二节　明清竹家具的功能之美

一、家具的功能美

家具的功能美首先是一种实用的美。家具是一种物质产品，家具的美观离不开其功能目的，但是家具的功能美并不在于功能本身，功能美并不等于实用性——家具的功能美是功能体验的结果。罗兰·巴特曾在他对埃菲尔铁塔的评论中表达了功能之美：“功能之美并不存在于对功能的良好效果的感觉中，而是在于我们在特定时间理解的功能本身的性能。在产生结果之前要了解没有机器或建筑物的情况，是在凝视其构造的同时停止或推迟使用机器或建筑物。”[1]家具产品良好的功能性，如合理的结构，可以在使用过程中感知，并且会通过人们的观察转变为功能美的心理感受。

家具的功能美是家具美学范畴的重要方面，与其他美学形式相比，它具有不同的特征。

① 家具的功能美是受功能结构影响的物质实体的美，主要体现在构件的结

[1] 格林·帕森斯，艾伦·卡尔松．功能之美——以善立美：环境美学新视野．薛富兴，译．郑州：河南大学出版社，2015.

构、空间组织、工艺和材料的合理利用上。家具的功能美一般不涉及人的情感。

② 家具的功能美具有明显的时代特征，即家具的功能美应适应时代的技术发展、社会生活和精神生活。例如，由于生活方式和环境的变化，一些古代家具部件的功能没有实际意义，如果将它们用于现代中国家具设计中，它们将不再具有原始的功能美感。当然，这种变化对整体美学效果的影响不一定是负面的。

③ 家具的功能美应与其实用功能的评价有所不同，也有人提到功能美不等于有用。原因很简单，一方面，功能和实用价值不能直接构成审美体验。另一方面，功能美和实用功能之间并没有必然的联系，这是功能美的超级效用所引起的。

④ 家具的功能美不仅反映了家具的整体特征，而且影响了家具的形式语言。家具的形式在很大程度上受功能的影响。

产品的审美创造总是基于某种社会目的，家具产品也是如此。因此，家具产品的形式成为产品功能目的的体现，代表着一定时期人们的需求和发展水平。与技术美相比，功能美从另一个角度定义了家具产品的美学价值。无论在东方还是西方，传统美学的一致看法都是美不仅以感官愉悦和形式感存在，而且受到社会功利效应和道德观念（即美与善的统一）的制约，功能美包含在美与善的统一概念中。家具的好坏是指其实用价值，而其实用性是直接满足人们的物质需求。家具产品的内在美与外在美是互不相同的，但是却有着密切的联系——家具功能美的本质是美学价值和功利价值的和谐统一[1]。

二、明清时期功能美的内涵

“功能美其本源就是为了客体而创造实现它大脑感官诉求体验的美学”[2]，这段话所要表达的意思是，一件器物所发挥的作用给使用它的人带来美感上的

---

❶ 徐恒醇．设计美学．北京：清华大学出版社，2006.

❷ 陈望衡．艺术设计美学．武汉：武汉大学出版社，2000.

体验，这种体验就是作为器物实现途径中的一种载体形式，目的是为了在人与物之间架起一座桥梁，最终去实现其功能美的目的。

晚明和清代的文人对于功能美的追求是在物质丰富并满足了基本物质客观需求之上的适用美。“宜适”首先是以造物功能实用性的特点为基础，而后在造物过程中功能性不仅要追求实用性，还要注重其后是“适”。“适”可分为两个层面去理解，一是要符合于人的生理上的使用感受，要舒适或方便，例如一把椅子要坐得舒服，一张床要睡得舒服。二是要适应于使用者精神层面上的心理和审美的双重感受。将两者结合在一起去追求造物过程中物的功能与人的行为、与人所在的环境、与使用者的心理之间所发生关联的平衡与和谐。

清代美学家李渔在《闲情偶寄》中提到：“凡人制物，务使人人可备，家家可用”[1]，从这段文字可以看出清代文人士大夫阶层在造物思想中所倡导的功能实用性的重要性。明代文震亨在其著作《长物志》中对家居所用的器物——钩，有过一段描述“古铜腰束绦钩有金银碧填嵌者有片金银者……斋中多设以备悬壁挂画，及拂尘、羽扇等用，最雅”。[2]这段文字在将钩的功能实用性特征娓娓道出的同时，也赋予其精神上的审美定义——“雅”。钩的制造是为满足挂物的基本功能，而与所挂之物配合呈现的美是功能作用后给人的美好心理感受，并在钩上做束腰镶嵌等装饰加强美的体验感，以上体现了功能美中将功能的客观目的和精神需求、主观意愿完美融合的美。例如从晚明文人造园曲径通幽的设计中就能明显看出，在对道路的布置设计上，最基础的是要满足道路的可达功能，但其不喜简单直接而希望以有趣的方式到达，这是功能上要解决的另一个问题，所以形成曲径通幽之境来满足功能与心理的复合需求。“活变”是晚明文人在造物过程中追求功能美的另一个特征，是不满足生活里的平淡乏味。文人往往都追求个性或与众不同，“性又不喜雷同，好为矫异”。例如李渔创造的暖椅，

---

[1] 李渔．闲情偶寄．北京：作家出版社，1995.

[2] 文震亨．长物志．南京：江苏文艺出版社，2015.

图 6-1 明代 李渔设计的文房暖椅

如图 6-1 所示，在原始的功能上灵活地添加其他功能，打破传统固有的功能结构，增添新的实用性功能以满足新的需求，注重功能创新性的表现。

三、明清竹家具功能美的特征

功能是指所造之物对于人的有用之处，也是器物的一种价值所在。就竹家具产品而言，功能是衡量家具是否有用的核心准则。而在功能之外的审美是器物创造的精神追求，也是对器物功能的一个补充和延伸，其与功能是家具产品的一体两面。自古以来，中国竹家具不仅在创造功能，也在创造审美。由于受中国传统文化、南方地域文化以及西方文化艺术的多重影响，清代竹家具的功能审美也更趋实际，不仅实用简洁，而且还人文雅致，具有很强的包容特质。

1. 实用功能

无论是生产工具还是日常用品都必须能够为人们所使用，这是产品功能的第一要义，并且必须方便舒适，使人们感到满意并产生美感。家具也不例外，一件家具产品要充分考虑人体的生理需求。例如坐在一把椅子上，椅子的高度和宽度应与身体相适宜，使用上使人感到舒适且放松。这样的家具产品充满人文关怀，充分体现功能美在家具设计中的首要地位。

实用功能或使用功能是产品的最基本功能。它反映了使用产品的直接目的，该目的用于满足特定材料或文化的需求。例如，椅子可用于供人们坐下或休息，乐器可以用来演奏，游戏机可用于娱乐，手机可以进行远程通话等。无论产品是用于物质活动还是精神活动，娱乐还是学习，都要具有实用功能。艺术品与设计产品之间的区别在于设计产品具有确定的实用功能，而艺术品却不针对实用功能。产品的实用功能反映了产品在满足人们的物质或文化需求方面的效用，这反映在产品的技术性能、环境性能和使用性能上。技术性能是产品科学技术内涵的代表，主要取决于产品技术的选择。增加产品的科技内涵是提高产品效率、价值、品牌效应和市场竞争力的途径之一。但是，单纯的技术性能不足以反映实用功能的本质，因为超出人类能力范围或环境允许范围的那些功能没有实际意义。产品的性能是产品实用功能的重要方面，也是产品设计的重点之一。无论是在现代大工业设计时代还是过去的手工业时代，功能性都是一切造物活动中应该遵循的原则之一。明清时期的竹制家具在实用功能上要大于同时期的硬木家具，尽管硬木家具在“材、色、质、美”以及艺术性上受到人们的追捧，但单就实用功能来讲，竹家具所具有的材美质轻、经济实用、简素空灵、雅俗共赏的优点就是同时期硬木家具所不能比拟的，从街头巷尾的民宅茶馆到王公贵族的厅堂内室，在人们的生活中竹家具如影随形，或许人们忽略了它的美，但是不会忽略它的存在。因此可以说明清时期的竹家具是同时期家具中实用功能的典范。

2. 物以致用

实用功能是明清竹家具存在和发展的基础，如果没有了功能上的要求，那么一件竹家具只能说是失败的产品。无论一把竹椅或一张竹床的外在形态和内在结构是多么精巧美丽，脱离了功能的存在它就不会拥有长久的生命力。举一个例子，在中世纪的欧洲流行一种以当时建筑元素为风格的哥特式家具，其外表采用和哥特式建筑一样的尖顶造型，并且加入了很多宗教的神秘元素，在实际生活中已经完全脱离了实际的功能要求。当欧洲文艺复兴的脚步不可阻挡地进入人们的视野和生活中后，哥特式家具就黯然地退出了历史舞台，其在家具设计史上只是昙花一现，不具有永恒的艺术价值。中国明清时期的竹家具将功能与形式、功能与结构、功能与装饰完美地结合起来，虽然历经了几百年的岁月变迁，至今仍受到人们的青睐，在南方小镇的茶馆、街头巷尾，从普通人家到文人墨客的厅堂之上，一把竹椅、一件竹几、一张竹床似乎把所有的喧嚣都遗忘在窗外。竹椅虽没有硬木椅名贵，但是其圆润的竹筒搭脑和竹片背板的曲线造型，在功能上可以满足人在坐下休息时的舒适感觉，并且竹椅的座面都是由竹篾条编织而成，坐感柔软有弹性、透气而清凉，大边和抹头由圆竹构成，四周高过座面，使人在坐下的时候臀部可以被包固在中间，非常的舒适。一把矮小的、其貌不扬的竹椅，却承载着古代匠人朴素的造物智慧，通过直线与曲线的不同组合，线与面交汇产生的凹凸效果，不仅增加了竹家具体空间的层压感，也丰富了线条在竹家具中的艺术表现力，体现了功能与形式的完美结合。

3. 物以适用

正如前文所述，明清竹家具的功能美主要体现在功能的实用性和功能的完美性上。竹家具功能的实用性指的是一件竹家具产品要能满足人们的实际用途，要能为人所用。例如一把竹椅在人们疲劳的时候可以让人们休息，一张竹床要满足人坐卧和睡觉的功能。竹家具功能的完美性是指其功能在满足基本用途的基础上，还具有舒适性、方便性、安全性、功能的多样性等能让人在使用过程中产生愉快情绪的因素。如明清时期人们都愿意使用竹榻，尤其是南方广大地区的人们，竹榻能满足人们休息、坐卧、睡眠的用途，但除此之外，由于南方地区天气湿热的原因，竹榻还能满足提供清凉的使用功能，这是木制家具所不能实现的。另外，在满足清凉舒适的功能的基础上，竹榻轻便、容易搬动的功能也极大地满足了人们新的使用要求。在南方，炎热的夏季人们会选择在室外荫蔽通风处纳凉，因此就要求将床榻等家具搬到室外使用，木制家具由于较重，所以不便于挪动，这时竹榻便发挥了其轻便的优势，更进一步地满足了人们对于使用功能的要求，充分体现了明清竹家具的功能之美。

明清竹家具的功能美是与其形态、材料、结构、工艺等相辅相成的，没有竹家具的造型形态，就不能实现竹家具的功能美，没有材料、结构、工艺，也无法形成竹家具的功能美。同时，竹家具的功能又对竹家具的造型形态和结构起着主导性和决定性的作用，不同的竹家具因功能的不同，形态结构也不同。

相同功能要求的竹家具可通过不同材料、结构、工艺表现为不同的形态，形成不同的美感效果。如图 6-2 所示，一把清代的湘妃竹玫瑰椅和一把清代的楠竹制民间靠背椅，其材料、结构、工艺都不同，给人的美感也不同，在使用上也各有其功能上的优势。玫瑰椅素雅轻巧，适合女性使用；楠竹靠背椅宽大舒适、稳重大气，适合男性使用，两者都达到了功能美的同一目的，都是明清时期竹制家具中的典范。

图 6-2 清代 湘妃竹玫瑰椅和楠竹制民间靠背椅

凡是与人活动有关的坐椅、床、桌案或贮藏类竹制家具等，皆应以正确的尺度、合理的结构、优良的材料为基础，才能产生舒适的效果，达到节省体力、放松情绪、恢复体力和增进健康等综合目的。同时也须重视由造型和色彩引起的心理感受，使人们在家具的使用过程中能得到美的享受，这样才能真正符合现代家具功能美的要求。

第三节　明清竹家具的审美功能

一、审美功能

产品的审美功能是产品通过其外观形式给人一种赏心悦目的感觉，唤起人们的生活情趣或价值体验，也使产品具有亲和力。产品的实用功能与审美功能并非互不相关，而是具有内在联系。产品的审美表现应该与该产品的功能目的相一致，即符合以实用功能为取向的原则。德意志制造同盟的创始人穆特修斯就曾指出，产品应为一定目的服务，并表现在适应目的和材料的方法中，这种观点显然是不全面的。产品同时还需将其用途和结构经思考后表现到直观形象中，才能达到更全面的效果。产品的外观可以引发主体的兴趣，从而使人沉浸在物我交融、浮想联翩的情境中，这会使产品成为对人的意义和价值的一种表征，也使得产品更具亲和力。

二、明清竹家具审美功能的哲学基础

明清竹家具的功能美是明清竹家具这一物质产品所表现出来的一种美的形态，它和明清竹家具的功能目的联系在一起。功能美是设计美的核心，功能美是产品所具有的合目的性特征的表现。功能不仅体现着满足人的目的性需要，还展示了人们对客观世界改造的目的和意愿。明清竹家具的功能美是明清竹家具的实用功能、认知功能和审美功能之间相互统一的最优化的体现，是明清竹家具最主要的技术美体现。

功能美存在于人类主体的实践当中。实践是人的有意识的能动活动，是人的自由自觉的对象化的活动，对功能美的追求离不开人的主体能力。马克思主义强调对于美的追求必然要遵循规律，以满足人类生产和发展的需要。任何事物的产生都要符合自然的客观规律，这是使人为规定的程序合于自然程序的过程。

产品创造是建立在自然物质基础上的人的一种主观能动的实践活动。人类的实践活动都是以自然为对象，发挥人的主观能动性，在顺应自然的基础上改造自然，以达到改善人类物质生活和精神生活的目的。功能美发生在人的目的性和客观规律的相互适应的过程中，产品的制造便是在合规律性与合目的性的哲学指导下进行的。中国的历史文化悠久，在一定的自然条件下的实践活动和深厚的传统文化相结合，形成了深刻的功能美学思想。在功能美学思想中蕴含着合规律与合目的相统一的深厚的哲学美学观。

人是社会实践活动中的人，人通过自身的实践而存在，在社会物质实践生产的过程中才产生了美，产生了人与美的关系活动，因此美包含在社会实践的活动中。功能美是随着社会实践的发展而兴起的一种审美形式，它是在实践中产生的，是合规律性和合目的性的统一。社会实践必然会受到一定规律的制约，违背客观规律的实践活动难以进行。规律指事物本身的内在的必然联系，因此我们在进行实践活动的过程中要重视事物的必然联系，违背事物的必然联系，忽视规律的制约，实践活动便不能顺利进行。但是，除了必然性之外，规律还包含偶然性，如果只有必然性那么一切事物的发展只能是“既定”的，因此，在更加广泛的意义上来看，规律是必然性和偶然性的统一，实践活动是在必然性规律和偶然性规律的共同制约下进行的。那么合规律性就是人的活动要顺应规律，这样才能向预想的方向发展，否则便会在实践中失败。

“目的是一个关于客体的概念，其包含着该客体的现实性根据，是造成客体现实性的原因。”任何家具产品的设计和制造都不是单纯的模仿，而是带有目的性的活动。同时，在目的中也包含着人的主观意志，用来满足人的内在需要，因此，对于目的的理解也要从主客体统一的角度来进行。那么合目的性便是指人们的活动总是要在主客体统一的目的的基础上，按照人内在的需要进行。

功能美是设计美的核心，功能美是产品的功能目的性的表现，明清竹家具的功能美的哲学基础便是合规律性和合目的性的统一。明清竹家具是根据竹家具艺术发展的客观规律以及当时的技术水平去选择材料、工艺，并按照一定的结构形式，经过专业的技术手段和程序加工制造出来的。同时，明清时期的匠人设计、生产竹家具的目的必然是要为了满足某种需求，要么是物质上的需求，要么是精神上的需求，如明清时期文人士大夫在书法和绘画上都很有造诣，其对家具的目的是一种情感的寄托，借物抒情。对于目的可以从内在合目的性和外在合目的性这两个方面进行解读。内在合目的性是指明清竹家具的功能、特有的材料和形式本身能够发挥作用；外在合目的性是指明清竹家具能够满足某种外界的社会需要。因此明清竹家具从设计到制造再到使用，无论简单还是复杂，都是人顺应客观规律的、自觉的、有目的的实践。合目的性可以通过某种形式表现出来，但是当人们面对这种形式却没有意识到产品的合目的性时，它就成为一种“无目的的合目的性形式”，这样，产品便成为一个审美对象。明清竹家具作为一种客观实在的、具象的物质文化产品，是人在满足自身目的的基础上顺应自然规律的产物。明清竹家具的功能美通过其结构、形式等外观表现出来，成为竹家具内在功能的感性直观，这既是合规律性又是合目的性的。

明清竹家具具有明清时期特有的时代特征，是为符合当时的实用需求与审美需求产生的。明清时期，在整体社会尚文的风气之下，文艺活动频繁，且艺术造诣取得了极高的成就，这些进步不能脱离当时科技快速发展的社会背景。正是在这一基础上，明清竹家具的功能美得到了更加深刻的体现。功能美包含着实用功能，满足人的物质需求；认知功能使人了解到明清竹家具意味着什么，对明清竹家具形成最基本的了解及概念；审美功能基于实用功能，是建立在物质基础上的、超脱了利害关系的、对明清竹家具的审美。明清竹家具的功能美产生的美感，超越了实用和功利，但是超越并不是舍弃，而是升华。

功能美作为实用和美的有机结合，不是单纯地从精神层面谈论超越个人的直接的物质需要。明清竹家具在审美中体现出超越一般的功利性的特点，我们不能用孤立的眼光去看待明清竹家具的美的超功利性及其实用性之间的状态，不能将两者简单对立起来，因为功能美的感受是在一定的物质基础上产生的。从对明清竹家具的功能美的分析来看，明清竹家具的材料构成、结构等都是我们进行审美判断所不能缺少的。正是有了物质基础，才使得对明清竹家具的功能美分析成为可能。

三、明清竹家具审美功能的表现形式

1. 精神象征

马克思指出，人的本质包括三个系统——人的需要即人的本质；自由自觉的活动是人的本质；人的本质是一切社会关系的总和。人的一切能力的总和就是人的本质力量。之所以在这里对审美需要进行论述，是由于审美需要在人的身上构成一种精神的渴望，它是人的一种内在需求，是不需依靠外在凭借力量的内在驱动力。当人对美的追求足够强大时，即能够在社会实践中通过对客体的审美显现出来，这时美可以通过人的精神活动转化成为一种具体的活动力量，这种力量渗透于人的精神与意识之中，指引人们的各项活动。因此，可以说主体的审美需要是明清竹家具审美功能探索的重要因素。对明清竹家具的探究发生在它与人的关系中，离开了人的需要就会失去意义。

需要是任何生命体都具有的，因为任何生命体的生存和发展都不能脱离与外部世界的联系，需要是反映生命体的生存有赖于外界的一种属性。需要还推动着人的生产和生活，当一种需要得到满足之后，在获得愉悦的同时还会催生出新的其他的需要，随之产生的还有满足新需要的生产方式，那么人的需要也可以看作是生命活动的内在动力。恩格斯将人的需要分为生存需要、享受需要和发展需要。人的需要是不断丰富和持续发展的，表现为它在深度上的递进以及在范围上的不断拓展。对于人而言，人不仅具备和动物一样的生存需要，更重要的是人还具有享受和发展的需要。享受需要和发展需要从根本上说，便是希望人能够“充分发挥自己的潜能，全面实现和占有自己的本质力量”。人对自我的追求不是停留在某一个方面的，其不仅希望只从某一方面体现自己的力量，从中获得肯定，而且希望更加全面地发展自己。而这种全面的发展就是人对于自由的追求和向往——“人的本质的最高规定性体现在自由自觉的活动中”。

审美需要属于享受和发展需要的范畴。审美需要是在人的不断深化的实践过程中逐步体现出来的，是人的本质力量的展现。例如竹家具发展至明清时期，其已在原有的实用基础上显现出对美的追求。明清时期，知识阶层将自己的情感加之于竹家具之上，此时的竹家具已经不再仅是一种生活用具，也是他们审美情感的表达途径。

对审美需要可以从下面两个方面理解。首先，审美需要是内在于人并且是人独有的一种需要，它是人本身的一种生命活动。人和动物都有需要，但是动物的需要是建立在直接的身体需求之上的，也就是说，动物的需要是本能的需要，是生存需要，而人的需要超出了机体的限制，在生存需要之上还有更为丰富的享受和发展的需要。也只有人具有自我意识，懂得在人本身之上去自觉追求生命的更高意义和价值。审美需要是人本身内在的需要，是一种本质需要，并不是受外界条件的推动才产生的。审美需要虽然会受到个体因素、时代因素、民族因素等方面的影响，但是从根本上看，审美需要都是从人的本身向外生发出来的，是人的生命活动的显现。

其次，审美需要不只是为了获得感官的满足，还是人的一种高级的精神追求。从远古时期人们便开始用竹子进行造物活动，从古代先民时期使用的竹席、写字的竹简到明清时期制作精美、选料考究、色泽光洁、雕刻精巧的竹家具，这不仅是技术的发展，也是人自身本质力量和审美的更全面的展现，更是人的精神追求的体现。人通过从呈现在面前的事物中体察和观照自己，在这些外在的事物上能够显现出人的内心。在明清竹家具中，明清时期的知识阶层消除了与外在世界顽强的疏远性，在对竹家具的欣赏中，他们欣赏的只是自己的内心。明清知识阶层有着高雅深邃、坚贞如一的审美趣味和精神追求，正如郑板桥被贬失意，将自己的情感寄托于竹子中，因为竹子具有淡泊空虚、高风亮节的品质。

明清文人士大夫等知识阶层对于竹家具的审美需要主要是精神的需要，他们将自己的情感通过竹家具表达出来，或者将情感寄托在竹家具或者仿竹家具中。一方面，明清知识阶层家国天下的豪情弱化，社会尚文的风气滋生了他们追求安逸的心理。孟元老在《东京梦华录》中详细描述了北宋都城东京开封府的社会盛况，开封府“太平日久，人物繁阜，垂髫之童，但习鼓舞；班白之老，不识干戈……八荒争凑，万国咸通。集四海之珍奇，皆归市易；会寰区之异味，悉在庖厨”。即北宋都城太平繁荣，老人儿童安居，世界各国的使者都和北宋往来，贸易繁荣，美食丰富。这为明清时期在安逸的生活状态中进行美的追求提供了物质条件。另一方面，明清时期文人士大夫命途多舛，经历漂泊流荡，有精神诉求的渴望。审美需要是人在自我的追求中展现出来的外化于事物的力量，是从人的内心向外产生的一种精神追求，它要求在事物中显现出来，从而产生一种能够使人观照自身的力量，是情感的表达和寄托。

审美需要是明清知识阶层的一种高级的精神追求，但是这种精神追求需要依托于具体的竹家具或其他竹制品。同时，明清知识阶层将审美的眼光投向了日常生活，将对于美的追求和日常生活结合起来，明清竹家具作为明清时期知识阶层日常生活的一部分，也更趋审美化。明清竹家具的材料多为南方园林中常见的竹子，梅兰竹菊在明清时期被赋予丰富的精神内涵，是明清时期文人知识阶层精神世界的体现途径，展现了明清时期知识阶层坚韧不拔的气节。由于竹家具在使用寿命上有一定的局限，许多文人利用一些易于保存或名贵的材料进行仿竹器或仿竹家具的制造，这就分别赋予了竹子不同的审美内涵，或庄重、或质朴、或简洁。正是因为明清时期的审美趋向于雅致、高洁，因而也将这一审美需要体现在竹家具上面。

明清竹家具的形象可感性和完善性给予其功能美的基础，人在历史实践活动中对事物进行改造，其对于功能美的理解也是基于历史现实的。审美需要作为一种精神追求无时无刻不渗透在人们的生活和实践中，正是因为有了这种需要的驱动，才推动了明清竹家具的发展，也才使得对明清竹家具进行功能美的研究成为可能。

2. 审美体验

当人面对一事物时，如何观照才能从中形成美的体验？这和心理距离有着十分密切的关系。心理距离中包含着主体和客体两个方面的内容，心理距离是主体朝向客体进行的，是通过客体的形象性呈现出来的。明清竹家具中功能美的体现，很重要的一个方面就是要将富有美感的成分融入其中，也就是让造物散发出美的光辉。虽然这与纯粹的艺术创作相比受到了竹家具产品具体材料和功能要求的束缚，但是功能美正是在这种条件下产生的。

心理距离指的是“主体的心理活动”，是人将内心的其他活动暂时搁置，只保留对美的观照能力。在这一刻，主体成为审美的主体而忘却了其他的方面。正如《荀子·解蔽》中所谈的“虚一而静”。虚静是使人的精神进入一种极端平静的状态，这样事物的一切美和丰富性就会展现在眼前。其中，最重要的是要排除现实的利害或功利关系。布洛在对心理距离的阐释中举了一个著名的例子——雾海行船。船在海上航行时遇到大雾，船上的人都在担心自己的生命安危，因此感到心神不定，不能对周围的事物产生美的感受。那么我们转换一个视角来看，海岸上的人看着船在朦胧的雾中若隐若现，其不会产生焦虑的心理，而是会获得一种精神上的美的体验。因此，贴近功利关系不能产生美的体验，远离功利关系反而能够获得美。而心理距离主要就是要脱离功利关系，通过将我们与事物的功利关系切断，排除我们对事物的功利态度。然而，在一般的生产和生活活动中，例如政治活动、经济活动、文化活动等，人都处在一种现实的关系中，与世界构成一种功利的关系。功能美是对于竹家具产品的审美形式，产生于具体的、现实的竹家具产品中，是功能和形式的统一，功能美的审美对象必然是带有实用性的产品，因此对于功能美的研究不能脱离实用性和功利性。

明清竹家具的创造者和生产者依据已有的旧技术的应用情况，对技术进行改进和创新，目的是提高生产效率，或满足知识阶层不同的实用需要和审美需要。当我们对明清竹家具进行功能美的观照时，要肯定明清竹家具的功利性基础，肯定竹床、竹榻的清凉舒适、易于移动的特点，肯定其给人坐卧睡眠的功能。明清竹家具作为社会实践的产品，必然具有物质性和主体的目的性，因此，在这一层面上明清竹家具是功利性的。

那么为什么说心理距离促进明清竹家具技术美体验的形成呢？明清竹家具作为技术产品具有物质基础，同时要满足读书人的使用目的，这是功利的。但是当我们对明清竹家具进行审美观照的时候，便脱离了它的目的性和功利性。

只有当没有意识到产品的目的性的时候，即成为“无目的的合目的性”的时候，明清竹家具才成为审美对象，具有技术美的特征。心理距离直接与主体的美感经验相联系，心理距离促进了美的形成。相应地，功能美作为美的形式之一，心理距离也有利于功能美的形成。

在清代，对于竹家具的赏玩风气兴盛，也出现了满足审美需求的特种材质和特殊造型的竹家具，但在这一时期，竹家具仍是以实用性为主的，本书的研究也是在这一基础上进行的。在技术的发展中，竹家具的样式越来越多样，无论是装饰还是结构、工艺等也更趋艺术化和审美化，但是这种特殊的竹家具作为清代书房或者闺房的器物，仍然不能脱离物质基础。因此，对于明清竹家具这一研究客体的功能美因素分析也要着手于具体的现实物质。

明清竹家具要满足知识阶层的精神需求，明清竹家具被赋予的特殊情感和审美内涵也是其功能美的表现。对于明清竹家具来说，满足文人阶层和市井阶层的需求十分重要。笔者认为，物质存在具有客观性，但同时也不能脱离社会性，即产品与人和社会的关系。明清竹家具的功能美也可以展现在它和人的关系上。明清时期的尚文风气促进了文化的发展，也带动了竹家具造物活动的发展，从这一点上来看，明清竹家具的社会性对于明清竹家具的发展有重要的影响。明清时期，家具风格的变化是空前的，是中国家具造物文化长期积累而迸发出的火花，明清竹家具呈多样化发展的趋势。知识阶层是明清社会的一大群体，且队伍逐渐庞大，对于高洁孤傲和九死不悔的知识分子而言，明清竹家具以及其他竹制器具在实用的基础上也成为他们抒发心情，排遣和安慰其伤感情绪的途径。

明清竹家具的功能美是由竹家具的实用功能所决定的，并且通过适当的外在形式，即形式美表现出来。实用功能是明清竹家具最本质的要求，实用功能的审美价值展现了明清竹家具与人及社会环境的和谐。明清竹家具的功能美是合规律性和合目的性的统一，其克服了设计功能的自发性，突出了为人所用、与人适用的目的性，因此，明清时期强调竹家具的功能美，不但为此时的竹家具增添了人文内涵，也为明清竹家具传承和现代竹家具的进一步发展奠定了基础。

明清时期的竹家具是功能与美学相结合的产物，是功能美在更高层次上产生的美感的体现。它完美地结合了“使用”与“美”，体现了明清时期竹家具设计中的独特审美观和人文情怀。此时的竹家具在心理和生理上都使人们感到轻松自由、舒适优雅，它们虽然不像硬木家具那样受到上流社会的追捧，也不像硬木家具那样传世百年，但随着时间的流逝，竹家具会留下岁月的痕迹和独特的艺术魅力。竹家具给人们的生产和生活带来了便利、舒适和美的感受，随着日新月异的历史变迁而变成记忆的符号，成为中国古典家具发展史上的一朵奇葩。

参考文献

[1] 黑川雅之．设计的悖论．刘大卫，译．北京：中国青年出版社，2018.

[2] 竹内敏雄．美学百科辞典．刘晓路，何志朋，林文军，译．长沙：湖南人民出版社，1986.

[3] 李砚祖．艺术设计概论．北京：清华大学出版社，2002.

[4] 格林·帕森斯，艾伦·卡尔松．功能之美——以善立美：环境美学新视野．薛富兴．译．郑州：河南大学出版社，2015.

[5] 胡波．基于功能意义的家具设计研究．中南林业科技大学，2010（05）．

[6] 文震亨．长物志．南京：江苏文艺出版社，2015.

[7] 李渔．闲情偶寄．北京：作家出版社，1995.

[8] 黄柏青．设计美学．北京：人民邮电出版社，2016.

[9] 唐开军．当代家具设计技术．武汉：湖北科学技术出版社，2000.

[10] 吴智慧．木质家具制造工艺学．北京：中国林业出版社，2004.

[11] 徐恒醇．技术美学原理．北京：科学普及出版社，1987.

[12] 涂途．现代科学之花——技术美学．沈阳：辽宁人民出版社，1987.

[13] 梁启凡．家具设计学．北京：中国轻工业出版社，2000.

[14] 许继峰．现代中式家具设计系统论．南京：东南大学出版社，2015.

[15] 史蒂芬·贝利，特伦斯·康兰．设计的智慧．唐莹，译．大连：大连理工大学出版社，2011.

[16] 何晓道．江南明清椅子．南京：江苏美术出版社，2011.

[17] 克雷．设计之美．张弢，译．济南：山东画报出版社，2010.

[18] 原研哉．设计中的设计．朱锷，译．桂林：广西师范大学出版社，2010.

[19] 竹内敏雄．论技术美．天津：南开大学出版社，1986.

[20] 章利国．现代设计美学．郑州：河南美术出版社，1999.

第七章 ｜ 明清竹家具的文化之美

第一节　竹家具与中国传统造物文化

中国传统造物艺术在经历了几千年的发展和演进后，形成了很多彼此关联同时又自成体系的文化形式，如玉器文化、陶瓷文化、丝绸文化、竹文化等。其中，竹文化的一个重要载体就是竹家具，竹家具中尤以明清竹家具最能深刻反映这种竹文化的内涵，形成了独特的竹文化美学。竹子作为自然界的植物，本身就具有美的意象，竹子的这种美恰好与中国文人的审美趣味和伦理道德相契合，人们赋予竹子刚直、虚心、贞节等美好寓意。明清竹家具的文化具有极强的“人格化”意味，其以独有的材质魅力吸引着历代文人的喜爱之情，被赋予了更多的柔润、清雅等人性品格，使其承载了人们心中的儒道美学思想。明清竹制家具总体造型简练、朴实，结构合理、实用，装饰适度、典雅，材质亮丽、清新，这些体现了明清竹家具“天人合一”的设计美学思想，寄托着人们的审美情趣和生活哲学。明清竹家具装饰简单，充分展现了材质本身清新淡雅的自然美；造型形态简洁实用、刚劲疏朗，给人以豁达洒脱之感。这些造型特征展现了中国传统文化所追求的自然之趣，这是道家“淡泊无为”理想人格的体现，同时，也蕴藏着道家“有无”的美学思想。明清竹家具整体简洁质朴的造型艺术，既体现了儒家凛然正气、刚毅不屈人格风范的诉求，也喻示了儒家“文质彬彬”的美学内涵。

白居易在《题窗竹》中赞美道：“千花百草凋零后，留向纷纷雪里看。”竹子具有刚柔并济、屈伸自如的品格。“莫嫌雪压低头，红日归时，即冲霄汉；莫道土埋节短，青尖露后，立刺苍穹。”这副对联道出了竹子的博大胸襟与开朗豁达的品性。宋代刘敞在《竹床》中道：“栉栉裁脩竹，荧荧粲寒光。浮筠凝烟雾，疎节留雪霜。甘寝百疾解，侧身夏日长。此时四海波，亦已如探汤。嗟我智虑短，苟为安一牀。”[1]这是所见不多的对竹制家具的直接赞扬。

第二节　仿竹家具之美

一、明清时期仿竹文化的历史根源

竹文化是中国特有的一种文化现象，在中国文化中具有很高的地位。北宋著名文学家苏轼曾在《於潜僧绿筠轩》中抒发对竹的喜爱之情：“可使食无肉，不可居无竹。无肉令人瘦，无竹令人俗。人瘦尚可肥，士俗不可医。”[2]竹在中国的传统文化中是一种精神的象征，其既是正直善良的君子，又是虚怀若谷的典范。与竹为伴既可以昭示文人士大夫超脱独立的品行，又能突出其淡泊高远的性情。竹的人格品性可以简明扼要地归结为一种无欲无求、超凡脱俗的出世之态。中国传统竹文化形态中的审美内涵恰好契合了明清时期文人士大夫所追崇的宁静而致远、淡泊以明志的人生情怀。由于明清时期文人士大夫的审美情

---

[1] 刘敞（1019—1068年）北宋史学家、经学家、散文家。为人耿直，立朝敢言，为政有绩，出使有功。刘敞学识渊博，欧阳修说他“自六经、百氏、古今传记，下至天文、地理、卜医、数术、浮图、老庄之说，无所不通。其为文章，尤敏赡”。与弟刘攽合称为北宋二刘，著有《公是集》。

[2] 傅经顺．宋诗鉴赏辞典．上海：上海辞书出版社，1987.

结共同体现出了竹的文人情结，所以当时的文人社会阶层认为竹就是“雅”的代名词，因此，明清时期的文人士大夫经常把竹用在日常家具和器物中，以增加“居有竹”之意趣。但是，竹材的自然属性存在着一定的缺点，例如容易开裂、虫蛀、变形，保存时间和使用寿命相对较短，材质较轻等，这样就限制了竹材在设计和应用上的拓展，因此，明清时期出现了大量的红木仿竹家具和不同材质的仿竹器具，形成了具有一定时代特色的明清仿竹文化。

二、明清时期仿竹文化的特点

1. 仿竹的造型及神韵

在中国，竹子的种类繁多，据统计有1200余种，竹子的造型千姿百态，竹竿、竹节、竹根、竹叶都具有独特的审美趣味和审美内涵。在仿竹器具的造型中也常常模仿竹子的这些特征，并赋予其新的文化内涵。如笔直修长、坚韧挺拔的竹竿是我们在日常生活中常见的竹子形态，同时这种形态也赋予了竹子以正直高洁的精神内涵，唐代著名诗人元稹在《种竹》中这样描绘竹子：“昔公怜我直，比之秋竹竿。”借竹抒情，寄竹寓意，抒发其正直清高的人生追求。在中国的竹文化中，竹竿直立挺拔的形象常常被人们隐喻为刚正耿直、肃然端庄的人格品性。因此，在中国明清时期很多仿竹家具和仿竹器具都是根据竹茎直立挺直的特征进行造型上的模仿。如图 7-1 所示，这件清代紫檀木裹腿竹纹方桌就是在腿部和束腰造型上模仿竹竿的形象，使桌子的整体形象给人以直立俊挺、隽秀素雅之感，与明代文人士大夫清心寡欲、淡泊名利的世俗心态有着完美的契合。

竹节是竹子成长的自然痕迹，是竹竿表面自然分布的凸出线条，展现出竹材最原始、最自然的形态特征。竹节也是竹材区别于其他材料最重要的特征之一，其自然形成的线条分布在竹竿中，错落而有节奏地打破了光滑平整的竹材表面，不经意中的交替分割更带有自然的韵律感，给人以一种和谐韵律之美，让人感觉朴素却不单调，自然却不零乱。同时，在中国的竹文化中，竹节也代表着“气节”的精神内涵，清代著名画家、文学家郑板桥曾写道：“兰有幽芳，竹有劲节，德相似也。”在明清时期，竹节不但被赋予了风骨气节、民族气节的精神内涵，同时在宫廷和民间，竹节也有“节节高升”的吉祥之意。在明清仿竹文化中，很多家具和器具都是对竹节造型的模仿。如图 7-2 中的清初黄花梨竹节形琴桌就是对竹节造型的模仿，体现了人们希望“节节高升、步步如意”的美好愿望。

竹叶一年四季凌霜傲雨，葱绿青翠，在中国竹文化中，竹叶冬青也象征着中华民族威武不能屈、贫贱不能移的优秀品质。明清时期的仿竹文化中对于竹叶造型的模仿也很常见。如图 7-3 所示，明代黄花梨裹腿竹纹方桌就是当时文人士大夫以物明志的最好见证。竹子的根深扎于地下，蜿蜒错综，能屈能伸，在明清时期的竹文化中，竹根象征着旺盛的生命力和顽强不屈的风骨，如图 7-4 就是一件清代红木仿竹根扶手椅，此椅以红木为材，色棕红，采用圆雕的方式，四条腿的底部模仿老竹根的造型，向外撇出，使椅子更加稳固，环以雕刻粗细不同的三个分枝，竹根遒曲，竹枝挺健，竹段清晰，此件仿竹椅形象逼真、雕刻入微，是明清仿竹器具中难得的传世精品。

2. 仿竹的材色及纹理

（1）对竹子材色的模仿

竹子四季常青、挺拔秀丽，不同种类竹子的颜色也各有特色，如青竹的青翠、紫竹的紫色、黄竹的金黄、赤竹的紫红等，色彩缤纷，千姿百态，但最具代表性的还是竹子的青绿。竹子的竹青组织紧密、质地坚韧，外表像似涂了一层蜡，色泽温润、光泽度高，具有坚韧洁净、清新清爽的质感，即使是在炎热的夏天也能给人如丝绸般清凉、光滑、细腻的感觉。同时，在明清时期的竹文化中，竹青色也有清正、清廉、两袖清风之意。郑板桥在《竹石》中写道：“咬定青山不放松，立根原在破岩中。千磨万击还坚劲，任尔东西南北风。”表现了诗人“清为官、勤为民”的气节和志向。在明清时期的仿竹器具中，很多文房器具都是对竹青和竹节的双重模仿，表现了明清时期文人士大夫借物明志的心境。如图 7-5 所示，这是一件清康熙青釉竹纹笔筒，从整体造型来看，整个笔筒外

图 7-1 清代 紫檀木裹腿竹纹方桌

图 7-2 清初 黄花梨竹节形琴桌

图 7-3 明代 黄花梨裹腿竹纹方桌

图 7-4 清代 红木仿竹根扶手椅

图 7-5 清康熙 青釉竹纹笔筒

形雕成竹节状，周身施青釉，玉璧底，远观就宛如一段青竹，宁静素雅、超凡脱俗。此笔筒整器器形典雅秀美、工艺精细，釉面因竹节颇具立体感，极具古韵古风。清代文房用具在康雍乾三朝皇帝的爱好与推动下达到了极盛时期。因有文人雅士参与制作，遂使仿竹类的文房用具发展得更加多姿多彩。

（2）竹材纹理的模仿

中国竹子的种类十分丰富，不同种类的竹子的纹理也各具特色，如琴丝竹金黄的竹竿上镶有碧绿的线条；湘妃竹的竹竿上生有花斑，清秀婀娜；斑叶苦竹在叶片上生有斑白的图案；花身竹在绿色的竹竿上镶有黄色的线条。这些竹材的纹理之美可以使人们在触觉和视觉上获得双重的享受，同时也是竹材区别于其他材质的重要美学特性。竹子的纹理千变万化、有疏有密、自然天成，会使人产生不同的心理感受，这就是竹材的天然质感。图 7-6 所示为清康熙黄泥湘妃竹壶，此壶仿自然形态的湘妃竹纹理及造型，旨在以形写神，以形寓意，以形抒情，以形寄志，被赋予了高尚的节操和清贞的性格。此件紫砂壶的壶身为一捆十二枝湘妃竹围绕，壶把、壶流及盖钮皆竹节之貌，其上点点红斑，浑然天成，写实自然，极为肖似。唐代诗人贾岛曾在诗中写道：“拣得林中最细枝，结根石上长身迟。莫嫌滴沥红斑少，恰是湘妃泪尽时。”于平淡中营造隽永的意味，令人回味无穷，也是对这把湘妃竹紫砂壶最佳的诠释。

图 7-6 清康熙 仿湘妃竹紫砂壶

三、明清时期的仿竹家具

竹家具在中国有着悠久的历史，其素雅的造型、秀美的质色、独特的结构，无论是在宫廷还是民间都广受欢迎。但美中不足的是竹材有一些缺点如易开裂、易虫蛀、易变形，保存时间和使用寿命较短，不能传代，给人以廉价、朴拙的感觉等。明清时期是中国封建经济高速发展的两个时期，人们在满足了日常生活的基本需求之余，开始追求精神与物质的双重享受，因此，明清时期不同名贵材质的仿竹家具开始出现，其既弥补了竹材的缺陷，又满足了人们对于竹文化和竹子精神的追求。

明清时期的仿竹家具种类繁多，从椅类家具到桌案，再到橱柜类家具，几乎涉及所有家具的种类，如仿竹玫瑰椅、仿竹罗汉榻等。在特点上，明清时期的仿竹家具大多是在家具的边角及腿部模仿竹子的造型或雕刻仿竹的图案，其中包含着很多的寓意，如“节节高升、知足（竹）常乐、青梅竹马”等。由于明清时期竹文化中竹子所呈现的文人气质，因此仿竹家具一般都出现在书房、闺房之中，例如条案是明清时期文人书房中不可缺少的家具品类，通常摆放在客厅厅堂正中，前设一方桌，桌的左右配放一把大椅。如放置在书房，也必放在正迎门或窗前的显著位置，与书架、多宝槅等配套使用。图 7-7 是清代红木雕竹节条案，其为利用名贵木材制造的仿竹家具，这在精神上满足了文人士大夫对于君子的定义。竹节又谓之“礼节”，明清时期的文人士大夫经常以谦和儒雅的标准要求自己，借用竹节来自勉自励，同时竹节也被明清时期的文人隐喻为“气节”，仿竹家具从一个侧面也反映了文人士大夫由气节风骨所折射出的正直、无私的爱国精神。

图 7-7 清代 红木雕竹节条案

在明清时期，不仅只有文人士大夫对竹喜爱和推崇，这一时期的封建统治者也以竹作为文化统治的象征符号。因此，仿竹文化得到上至皇族贵胄下至文武百官的普遍欢迎，仿竹家具也得以广泛流行，并且仿竹家具的材料也越来越丰富，从黄杨木、核桃木等普通材质到黄花梨、紫檀、金丝楠、酸枝木等珍贵的硬木应有尽有，满足了不同阶层对于仿竹家具的需求。例如图7-8为清代黄花梨仿竹南官帽椅，椅子的整体造型为仿竹器样式，其中搭脑、靠背、扶手、腿足等结构造型均为仿竹节形，靠背板浮雕吉祥云纹，扶手用攒拐子作，座边沿亦雕竹节纹，座面之下安有弓背牙子（罗锅枨），也采用仿竹节造型；圆材直腿，四面平式管脚枨，腿足外形如四根直立挺拔的竹竿，以仿照圆竹家具的形态；椅子整体造型隽秀朴拙、文雅简洁，同时黄花梨的材质纹理行云流水、色泽优美，不仅显示其木质的清丽脱俗，又给人以庄重大方、雍容华贵的皇家气质。如图7-9这件清早期黄花梨裹脚竹叶纹方桌，其造型简洁、结构完美、典雅大方，桌面光素，罗锅枨，牙板置矮老，直腿，腿间设双枨，除了桌面，其他部分都采用竹节和竹叶的浮雕图案，既古色古香又给人以尊贵之感。

图7-8 清代 黄花梨仿竹南官帽椅

图7-9 清早期 黄花梨裹脚竹叶纹方桌

四、明清时期的仿竹器具

在明清时期的仿竹文化中，除了仿竹家具之外，还有一个重要的部分就是仿竹器具。明清文人以竹为雅，在桌案之上经常摆放着文房清供和案头清供，这里面就包含着大量的仿竹器具。这些仿竹器具造型逼真、古朴典雅，在气质上与明清时期文人士大夫的贵而不骄、贫而不忧的恬淡的人生态度十分契合。

文房是明清时期文人放空思想、表达意志之处；文具是明清时期文人雅士挥毫泼墨、行文作画之用具。自古以来，文房用具便为文人雅士探索艺术、追

图 7-10　清代 黄杨木雕竹节形水盂

图 7-11　清代 象牙雕仿竹根臂搁

图 7-12　清代道光 紫砂仿竹纹笔筒

求悠闲雅趣生活的必备之物，不但要求器具实用，更要注重艺术雅致。因此，明清时期的竹文化对于文房类器具的制作产生了很深的影响。明清时期的文房类器具种类繁多，如笔架、笔筒、镇纸、臂搁、笔洗等，在这些文房器具中几乎都可以看到仿竹样式。如图 7-10 是一件清代黄杨木雕竹节形水盂，其整体造型是对竹形和竹节的双重模仿，色彩逼真、造型生动，整个水盂虽为人作却宛如天工。图 7-11 是一件清代象牙雕仿竹根臂搁，在清代的仿竹文房器具中有很多是采用动物牙、骨等珍贵材料制作而成，这类仿竹的文房器具大多数都是供宫廷或者王公贵胄们使用。图 7-12 所示的是一件清代道光紫砂仿竹纹笔筒，此紫砂笔筒为仿天然竹节外形，像由诸多干枯竹子捆扎组成，竹段长短错落有致，粗细参差不齐，器底作竹子断面，竹节及纹理表现逼真，体现出作者高超的雕刻塑形功力。图 7-13 是一件清代乾隆时期乌金釉瓷仿捆竹镇纸，此件仿竹竿二十四根，双绳札捆，根节壮实，雕塑精巧细致，通体施乌金酱色釉，绳带和竹节的颜色极其逼真，和竹子本色十分接近。此器寓意着气节、修养、成材，并刻有铭文“一寸光阴一寸金”。这件仿捆竹镇纸寓意深刻、工艺精巧，是一件难得的宫廷文房器具。

明清时期的仿竹文化是中华民族竹文化的一个重要分支，也是我国劳动人民智慧和创造力的结晶。本节从中国竹文化的角度总结了明清时期仿竹文化的根源、特点，分析了传统竹文化和明清时期仿竹文化之间的关系，得出仿竹文化在明清时期得以发展的原因。从明清时期仿竹家具和仿竹器具两个方面进行分析和研究，得出明清时期仿竹家具和仿竹器具各自的形制、种类以及特点，为今后进一步研究明清时期仿竹文化提供了相关资料和依据。

图 7-13 清代乾隆时期 乌金釉瓷仿捆竹镇纸

第三节　文竹家具之美

一、文竹及其历史溯源

“文竹”是将楠竹锯成竹筒后去掉竹节和竹青，将薄薄的一层竹黄留下，然后经过水煮、晾晒，最后压平粘贴在家具或者器具木胎的表面，经过打磨后再雕刻出各种山水、人物、花鸟等图案，或者各种象征着吉祥如意的纹样。目前，在北京故宫博物院藏有一批珍贵的清代传世的文竹家具，每一件都是精工细作、灵动俊雅。中国是一个盛产竹子的国度，人们对于竹子的感情也非同一般，对竹子傲骨挺拔、不畏霜寒的气质有着“只可意会，不可言传”的特殊偏好。所谓“茂林修竹”“青史留名”之说，都与竹子有着密切的联系。纵观整个世界的文明发展史，还没有哪个国家和民族能够像中国这样赋予竹子以及竹制品如此深奥的文化内涵和美学意义。关于用竹、食竹的历史溯源在本书前面的章节中已经都有所提及，这里不再赘述。然而，遗憾的是由于历史与自然环境等因素的影响，我们只能从历史文献和诗词绘画中捕捉从前竹与人之间的情感交集，而在实际的考古发掘中，已经很难找到古人使用竹制品的实物了。

文竹工艺是竹刻艺术中的一个类型，中国目前能够见到最早的竹雕实物应该是湖北江陵拍马山战国楚墓中出土的三兽足竹器和西汉马王堆一号墓出土的雕龙纹髹彩漆竹勺柄。在魏晋南北朝时期，竹刻制品已经很精良了，有些已经成为皇帝的赏赐之物。《南齐书·明僧绍传》中曾记载，六朝时期齐高帝御赐明僧绍竹根如意笋捧冠的故事。到了唐宋时期，竹刻艺术有了长足的发展，创造了许多流行至今的竹刻技法。今天，我们在日本奈良的正仓院还能看到中国唐代竹刻的人物花鸟尺八。尺八是流行于唐代的一种乐器，形状有些类似笛子。如图 7-14 所示，雕竹尺八为一管三节，通体刻着人物图案和花纹。擫孔正面五，背面一，孔之四周及节之上下均有图案花纹。管上分布仕女、树木、花草、禽蝶形象，均是唐风，与同时期之金银器镂錾及石刻线雕为同一风格。刻法为留青筠技法，纹饰外都刻去以为地，纹样上再施阴文浅雕，生动有致。可证竹刻留青之法，唐代已有。宋元时期竹刻艺术受当时院体画的影响，在制作和工艺

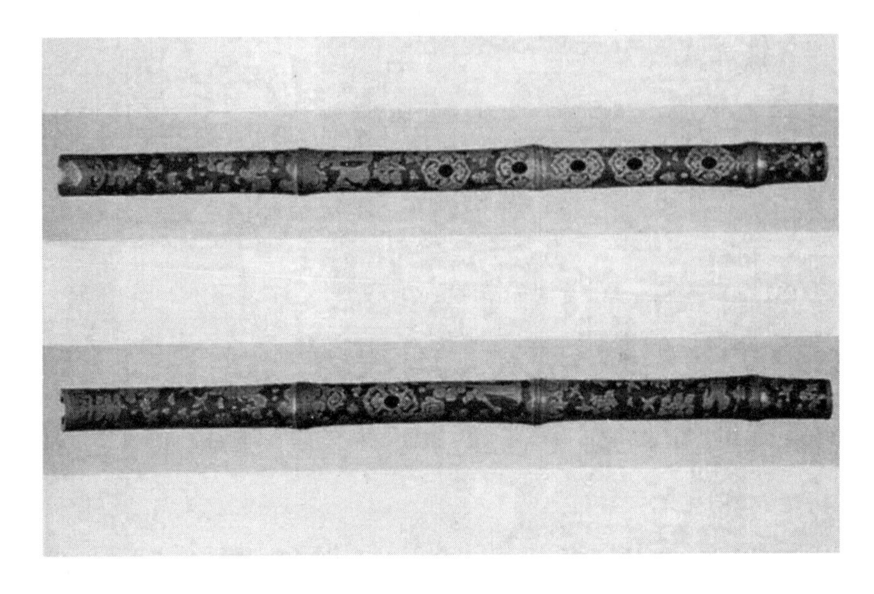

图 7-14 唐代 雕竹人物花鸟尺八

上更加精细和唯美。元代文学家陶宗仪在《南村辍耕录》中曾记载宋詹成造鸟笼，“四面花版，皆于竹片上刻成。宫室、人物、山水、花木、禽鸟、纤悉俱备，其细若缕，而且玲珑活动。”[1]精巧冠绝于世。到了明代中期，竹刻逐渐发展成为一门独立的艺术门类。明代嘉靖年间，由于竹刻艺术的流行，在江南等地出现了各种竹刻的风格和流派，其中最有名气、影响力最大的应该是当时江苏嘉定的竹刻名家朱松邻、朱小松、朱三松祖孙三代。他们都擅长竹根雕和竹节雕，刀工精湛，刀法准确洗练、竹刻的题材雅俗共赏、造型准确、构图讲究，无论是在当时还是在现代都具有极高的艺术性和收藏价值。清代以后竹刻名家更是人才辈出，并且风格各异、百家争鸣。如清代嘉定竹刻名家吴之潘、封锡禄等，他们的作品妙造自然，巧夺天工。

竹刻艺术在清代中期达到了顶峰，文竹工艺也是在这个时候出现的。这一时期中国出现了“康乾盛世”，国力强盛、社会稳定、国库充盈，人们生活相对富足安定，此时的中国在政治、经济、文化上都有了较大发展。但清代统治阶层在审美上并没有与时俱进，相反，富足的生活使他们产生了好大喜功的心理，在艺术创作上也开始追求繁缛复杂的图案和精巧细密的纹样，出现了很多畸形的审美倾向。当时的政府为了满足皇室贵族穷奢极侈的需求，沿袭了明代设立专门进行工艺制作机构的做法，在工部开设造办所，广招当时天下的名工巧匠来制造各种精密奢华的器物。在北京的宫廷中设造办处，下设二十七种作坊，专门为帝王之家生产生活消费品和各类雅玩。因此中国的工艺美术在这一时期发展到了顶峰，如陶瓷、玉器、家具、漆器等无不穷工极态、精雕细琢，竹刻艺术也不例外。这一时期，竹刻的名家匠人们继承前人的技术和经验，把竹子艺术发展到了极致，并发明了一种新的竹刻技法，这就是“文竹”工艺。

---

[1] 陶宗仪．南村辍耕录．济南：齐鲁书社，2007.

二、清代文竹家具的艺术特点

“文竹”又称“贴黄”或“翻黄”，其工艺程序上文已经介绍，这里不再赘述。文竹工艺最有特色的美学特征是竹黄经过粘贴打磨后，其颜色呈深黄色，色泽和质感犹如年代久远、氧化包浆的象牙。同紫檀木、黄花梨、乌木等呈深颜色的硬木结合在一起使用，使家具间各个部位的明暗对比、色相对比更加突出，结构特征更加明显。文竹工艺中有一种技术叫作透雕法，就是在粘贴好的竹黄上，将事先画好的花纹进行雕刻镂空，这样竹黄下面深色的木质底色就会露出来，形成明暗上的对比，视觉上有点像剪纸和雕漆的效果，可以说把文竹的工艺发展到了极致。清代文人纪昀有《咏竹黄筐诗并序》云：“瘦骨碧檀栾，颇识此君面。谁信空洞中，自藏心一片。凭君熨贴平，展出分明看。本自汗青材，裁为几上器。”这段文字是纪昀对文竹家具制作过程的一番形象的描述，通过这段话我们可以看出这位清代文人对文竹家具的喜爱。

文竹工艺最早起源于何地、何时，就目前的资料来看尚且无法定论，但是很多历史学家和文化学者都认为文竹工艺起源于清代早期，成熟于清中期。从现在所掌握的文献来看，我们大致可以认为文竹家具及器物的制作最早出现在福建省的上杭县，以下是《上杭县志·实业志》中的记载。“三吴制竹器悉汗青，取滑腻而已。杭独衷其共同而矫合之。柔之以药，和之以胶，制为文具玩具诸小品。质似象牙而素过之，素似黄杨而坚泽又过之。乾隆十六年翠华南幸，采备方物入贡。是乾隆时尚精此技，今已不可得类。”

这段文字说明最晚在乾隆初年，文竹器物就已在江南一带出现。在清代谢堃所写的金石类杂著《金玉琐碎》中也载有相关内容，“孰不知竹性最脆，独嘉善所产，大可翻转其里，雕镂人物，制笔筒、笔瓶诸器，谓之‘翻簧’”。[1]这里所谓的“翻簧”说的就是“文竹”工艺。从谢堃的这段话中可以看出他对

[1] 谢堃撰。金石类杂著，二卷。谢堃，字佩禾，江苏扬州人，嗜好收藏，精于鉴赏。

嘉善一带所产的文竹器物倍加推崇。至于文竹工艺是何时开始在清宫内流行，今天已很难考证。在中国第一历史档案馆所藏《造办处活计档》这一清宫内档中，有一些关于文竹器物在清宫内大量出现的记录，时间最早是在乾隆时期。例如乾隆二十四年内务府造办处行文中有这样的记载："（二十四年）闰六月十六日郎中白世秀、员外郎金辉来说太监胡世杰交文竹小瓶一对（带鸡翅木座）、文竹昭带一件……"[1]

造办处是清代皇宫的御用作坊，隶属于清宫内务府，它是专门负责制造和修缮御用物品的职能机构，因为直接和皇帝的日常生活息息相关，所以在清宫内务府下属的各个机构中占有很重要的位置。同时，造办处也聚集了来自全国各地的最优秀的手工艺人，乾隆曾多次下江南巡游，在此期间喜好奇珍异宝的乾隆应该在江南接触到了文竹器物，并且从南方引进了掌握文竹技艺的能工巧匠，专门为皇宫服务，打造属于宫廷的文竹家具或者器物。在乾隆年间的内务府造办处档案中，可以发现大量有关文竹家具及器物的记载。

宫廷内所使用的文竹家具及器物，除了是造办处按照宫内需要御制外，还有一部分是各地方府衙向宫内进贡的各类文竹器物。如乾隆三十六年十二月二十日宫中进单就记载，江宁织造所进清单：

文竹天香几成对，文竹细绣大挂屏成对，文竹细绣小挂屏成对，紫檀镶文竹文具成对，紫檀镶文竹桌阁成对，紫檀镶文竹挂阁成对。

由此可知，宫内所使用的文竹家具或器物有两个来源：一是造办处根据宫内需要御制的，二是外地的各州县府衙进贡而来。但是不管是什么方式，文竹家具作为一种既可以珍藏赏玩、又可以在生活中使用的日常应用器物，已经进入宫廷生活的各个方面，并且其使用的范围十分广泛。目前，在北京故宫博物

---

[1] "圆明园档案文献目录编辑委员会"副主任秦国经负责，在人民出版社《清宫内务府造办处档案总汇》影印本的基础上，将雍正、乾隆年间造办处活计档中圆明园的资料进行选编辑录。

院珍藏着一批制作精美的文竹家具，有些家具距今也有几百年的历史了，很多朋友会问，为什么同时期的其他竹家具都很少保存至今，而文竹家具却能够完整地存世到现在呢？这个问题与文竹家具的制作工艺有很大的关系。不管叫文竹家具还是竹黄家具，文字里面都带有一个“竹”字，但是实际上文竹家具并不是我们通常意义上所讲的圆竹家具，具体地说将文竹家具归属为竹木家具更为贴切。因为构成文竹家具或器物的主要材料并不是竹子而是木材，从某种意义上说，文竹家具或器物就是利用竹黄对木质家具或器物的木胎进行粘贴镶嵌的一种装饰方法。木材要比竹材更适宜保存，这也是同时期的文竹家具比圆竹家具更容易大量保存至今的主要原因。值得一提的是，文竹家具随着存放时间的久远，与空气不断氧化包浆，其颜色更加饱和醇厚，具有很高的观赏性和艺术价值。由于文竹所用的竹之“内黄”大料难得，故在使用上也是惜料如金。文竹成器多为一些小件文玩，可以说“文竹无大器”，用于家具装饰上更是少之又少。而下面将要介绍的几件文竹家具，无论是用料还是做工均“不计成本，工精料细”，充分体现了清宫家具“标新立异，物尽精奢”的特点，在故宫现存的文竹器物中可以说是精巧之作，弥足珍贵。下面我们具体地分析和欣赏这几件文竹家具中的精品，一起去感受一下文竹家具的艺术魅力。

图 7-15 清代 文竹提梁方角柜

图 7-15 是故宫藏清代文竹提梁方角柜，小柜外形类似“一封书”式的方角柜形式，柜顶的形状有点类似中国传统建筑中盝顶的样式，并装饰有一圈莲瓣纹，柜子的顶部安有铜制的提梁。小立柜的顶柜及柜门均安有可以拆卸的立栓，立柜上饰有精美的铜镀金云头纹拉环，富丽华美。柜门为硬挤式对开两门，门框边沿及中心则粘贴深色竹黄片“扯不断”及缠枝莲纹

饰。透过打开的柜门，可见柜膛内设有精巧的抽屉一层，抽屉面上亦贴以深色竹黄镂刻而成的缠枝莲纹饰，色调清新淡雅、灵秀可人。柜门上的吊牌、合页和面叶等铜饰件錾花鎏金，显得富丽堂皇。小柜通体采用文竹包镶法，在浅色的竹黄底子上粘贴深色竹黄镂刻的花叶纹饰，再配以流金溢彩的金属饰件，更增其雅洁之气，颇见巧思。文竹小立柜通高 56cm，由立柜及顶柜组成，因为这种形制的立柜多成对组成，故又称为“小四件柜”。柜是中国传统的储物家具，特点是形体高大，可以储藏大件或多件物品。但是这件小立柜却格外小巧玲珑，更具有赏心悦目的观赏、陈设效果。在装饰手法上，小立柜可谓精工细做，先在木胎的边框棱角处用紫檀木细丝粘贴边角线，边线内粘贴竹丝或本色黄片。框架中间的板心满贴浅色黄片，再贴上镂刻好花纹的深色竹黄片。紫檀边角在此起到了重笔勾勒的作用，使整体形象更为方正整齐，对比之下，竹丝图案及深色花纹则显得格外纤巧，既可远观，亦耐近赏。在清宫流传下来的贴黄器物中，这是一件不可多得的珍品。

图 7-16 这对清乾隆大漆嵌竹黄卷书式搭脑太师椅，座面髹红漆。搭脑卷书式，末端雕刻缠绕的螭龙纹，与椅面连接处则雕拐子纹。靠背板上端以竹篾拼镶方形倭角框，内嵌圆形白玉，由拐子龙纹环绕，具有古风气韵。扶手后高前低，联帮棍省略不用。靠背和扶手空敞处装飞牙。椅盘以下，四面均设牙板，嵌竹黄，以拐子龙纹为饰，腿足方材抵地。此对扶手椅工艺细腻严谨，大体深棕色，竹黄浅黄色，色彩深沉又温暖亮丽，给人留下深刻印象。

图 7-16 清乾隆 大漆嵌竹黄卷书式搭脑太师椅

图 7-17 是一件文竹包镶小凳，此凳高 46cm，面径 34.5cm。通体文竹包

镶，凳面为方形抹角，凳面下有束腰，束腰上有细长的矩形开光，束腰下装有托腮，透空曲尺牙子，四条腿子做成鼓腿膨牙式，每条腿子上均开有长方形透孔，足端下承长方倭角托泥。此小凳由于通体采用文竹包镶技法，其造型灵秀可人，颜色清新淡雅。

图7-18是一张清代文竹条案，横54.5cm，纵24cm，高49cm，呈长方形，以松木为骨架，棱角处镶嵌紫檀木细丝，中间贴饰极精细的竹黄，色泽淡雅。几面正中镶瘦木心，侧沿两端雕成回纹，腿子为直足方材，缩进几面以内，其上端饰以透雕拐子牙头，前后两腿间各施横枨两根。

图7-19为清代紫檀嵌竹丝雕龙方角柜，其形制经典，造型优雅，以紫檀为材。该柜由顶柜及立柜组成，顶柜和立柜皆为对开门，每扇门上有吊牌，四条腿直下，上安替木牙子，方足。柜门及侧山板以紫檀嵌竹丝工艺装饰，并浮雕云龙纹，福山寿海之上，紫气祥云之间，巨龙身形矫健，俯首下窥，神态威猛，翻腾出海，辗转腾挪、气宇轩昂。其图案相对成组，形制相同。此柜稳重敦厚，大方典雅；造型清妍秀丽，无俗媚之气；刀工精湛，纹饰繁缛细腻。此样式的大柜，过去常用来贮藏衣物，也偶置于文人书房，用来存放书、画和一些小件物品，并常成对并肩或对称排列于起居室中显眼的方位。该柜久经历史承传，至今仍品相

图7-17 文竹包镶鼓腿膨牙凳

图7-18 清代 文竹条案

尚好，颇为不易，其承载了浓郁的人文气息，故独具收藏价值，是一件极为稀见的清代紫檀嵌竹丝家具精品。

图 7-19 清代 紫檀嵌竹丝雕龙方角柜

第四节　湘妃竹家具之美

竹，青翠修长，不卉不蔓，虚其心，实其节，在中国传统比附文化的影响下，被誉为君子，并被赋予高洁、气节、谦虚等文化内涵。竹对于中国人来说是一种所居之喜物，自古就被文人所吟诵，甚或争相与竹为邻，以竹为友，筑竹为室，绘竹为乐。北宋文人苏轼在绍圣元年所著《记岭南竹》中撰述："食者竹笋，庇者竹瓦，载者竹筏，防者竹薪，衣者竹皮，书者竹纸，履者竹鞋。真可谓一日不可无此君也。"以竹制物，在中国已有千年之久，将竹制为家具，据《中国工艺美术大辞典》中所记载应为唐宋时期，虽未有实物传世，但从大量的传世壁画和绘画作品中便可稽考，并可以推断出唐宋时期竹制家具的使用已十分流行。竹椅之轻巧便携、竹床之清爽纳凉，无一不体现出人们对竹家具的青睐。明清以降，随理学、实学之渐入以及"格物论"的发展，在文人士大夫中出现了"自适遵生"的处世理念和"清玩雅好"的造物心态。他们开始从"以人为本"的角度对造物和审美给予关注和思考，他们乐于参与家具的设计和制作，并将其审美情趣和价值观念融入造物实践中。湘妃竹家具作为中国传统竹家具的一个特殊的品类，便是在这样的文化环境与文化空间的背景下应运而生的。

一、关于湘妃竹的源流简考

湘妃竹又称斑竹，是禾本科竹亚科刚竹属植物，桂竹的变型。主干具有紫褐色斑块与斑点，分枝亦有紫褐色斑点，为著名观赏竹。中国关于湘妃竹的文献记载最早可以追溯到三国两晋时期。据晋代张华《博物志》中原载："尧之二女，舜之二妃，曰湘夫人。舜崩，二妃啼，以涕挥竹，竹尽斑。"任昉在《述异记》中曰："湘水去岸三十许里，有相思宫、望帝台。舜南巡不返，殁，葬于苍梧之野，尧之二女娥皇、女英追之不及，相思恸哭，泪下沾竹，文悉为之斑斑然。"[1]这是一个关于湘妃竹的美丽传说。相传，尧舜时代，湖南九嶷山上出现了九条恶龙，祸害百姓。舜帝在与恶龙战斗时战死。舜帝有两个妃子分别叫作娥皇和女英。她们得知舜帝战死后，一直哭了九天九夜，最后，哭出血泪来。她们的眼泪洒在九嶷山的竹子上，竹竿上便呈现出血红色的点点泪斑，这便是"湘妃竹"的由来。在唐代陈鼎所著《竹谱》中也称湘妃竹为"泪痕竹""潇湘竹"[2]。明代王象晋在其所著《群芳谱》中所述："斑竹即吴地称'湘妃竹'者。"唐代诗人李白在《远离别》诗中写道："苍梧山崩湘水绝，竹上之泪乃可灭。"毛泽东在其《七律·答友人》一诗中也写道："九嶷山上白云飞，帝子乘风下翠微。斑竹一枝千滴泪，红霞万朵百重衣。"[3]

湘妃竹的质地微黄，表面润泽，其皮表生有大小不等、颜色各异的斑点，或为红褐色或为紫色，其斑点大如钱、小如豆，不规则地散布在竹干的表面。上好的湘妃竹，其斑点的分布如水中睡莲般星罗棋布，又如水中浮萍疏密有致，天然成趣。湘妃竹不仅是极好的观赏性竹子，同时也是制作竹家具的优质材料，但湘妃竹属于野生竹类，自古就十分稀少。其实湘妃竹是一种病竹，其斑点的形成是因为幼竹被一种称为"虎斑菌"的真菌长期腐蚀所造成的。竹笋期和幼竹期肉眼观察不到菌斑，待成竹后这种菌蚀所形成的色斑便显露出来[4]。由于这种菌类生存的地区和环境比较特殊，从而导致了优质的湘妃竹十分稀有，在中

---

[1] 任昉．述异记．长春：吉林大学出版社，1992.

[2] 中国《竹谱》版本较多，此版本为唐代陈鼎所著，是对湘妃竹最早的纪录之一。

[3] 中共中央文献研究室．毛泽东诗词集．北京：中央文献出版社，1996.

[4] 中国科学院中国植物志编辑委员会．中国植物志．北京：科学出版社，2004.

国仅福建、浙江、湖南、云南等地有产，且各地的斑纹和质地也有很大的差异。另外，由于湘妃竹是野生竹类，往往结根在石缝之中，大多生长得较为细小，直径超过 3cm 的竹材是十分罕见的。自古湘妃竹大多被用于制作扇骨、笔杆和一些小型器物，能制作家具的竹材并不易得，不但要求竹材的质地洁净、色彩润泽、斑点清晰，同时还要求竹干要相对粗大，竹肉较厚有一定的韧性和支撑能力才能制作家具。“物以稀为贵”，自古就有“一两黄金一两竹”之说，这也间接地造成了湘妃竹家具的难得和贵重。

二、关于湘妃竹家具的历史考证

湘妃竹所制家具源于何时，现存文献中尚无记载已较难稽考，但从相关史料及在一些传世的绘画作品中可间接地推断出，至少从宋代起，湘妃竹家具就已经出现在人们的日常生活中。南宋画家钱选的绘画作品《扶醉图》中所画人物陶渊明倚坐于竹榻之上，画中所绘竹榻从外观上观察应为湘妃竹所制。另外一幅《米襄阳洗砚图》传为宋人晁补之所作，画中所绘人物米芾正端坐在一张湘妃竹所制的竹榻上，画家用细腻的笔法将湘妃竹榻的造型、结构以及竹竿上的斑点都刻画得生动自然、淋漓尽致。时至明代，木制家具在造型及工艺上都达到了中国家具史上的高峰，竹制家具也有了一定的发展。由于年代久远，现存传世下来的明代竹制家具仅见有成都杜甫草堂的一把竹榻，且材料为楠竹而非湘妃竹所制。

虽然明代湘妃竹家具尚未有实物传世，但在明代的绘画作品中，可以对其进行考证。如明代画家杜堇在其所作《十八学士图》第三轴中所绘，画中左侧学士侧身背对坐在一把湘妃竹制的玫瑰椅上，双臂搭于扶手，姿态放松、神态自若、闲适惬意地和旁边的书童交谈。另外，在明代“吴门四家”仇英的笔下也有关于湘妃竹家具的描绘，在其所绘《竹院品古图》中，文人雅士聚于竹庭之中，翠竹林前有一画屏，一面描绘的花鸟，另一面描绘的山水。右二人坐湘妃竹椅，正全神贯注于鉴赏桌上摆放的古画册页，四周罗列觚、爵、簋、卣、罍等铜器。明代画家崔子忠的《杏园宴集图》中，两位学士正参禅论道，其中一位正坐在一把湘妃竹制的禅椅上，椅子的下方还连接着脚踏，其造型独特，结构严谨，让人大开眼界。从众多的绘画中可以推断出，此时的湘妃竹家具已经深受文人士大夫们的青睐，成为其生活、休闲、娱乐时不可或缺的家具品类。

到了清代，尤其是康乾时期，其造物观念由俭入奢，由简入繁。上至宫廷皇室，下到王公贵族都以求贵、求稀、求奇为荣。由此，稀世的湘妃竹家具自然就成了上层社会追捧的对象。如故宫博物院所藏，清人绘《雍亲王题书堂深居图屏》博古幽思一图，其中就绘有湘妃竹制六角梳背椅；在消夏赏蝶一图中绘有湘妃竹制镶铜足方桌；在裘装对镜一图中绘有放画轴的竹制书架以及湘妃竹制的坐墩。这些湘妃竹家具造型美观、做工考究、结构复杂，一改明代的朴素、拙雅之风，其华丽富贵之气俨然可以和同时期的木制家具所媲美。由于清代距今并不算久远，因此有很多清代的制作精美、保存完好的湘妃竹家具得以传世，这为研究湘妃竹家具提供了宝贵而丰富的实物资料。

三、湘妃竹家具的艺术特色

湘妃竹家具作为中国竹家具的一个特殊品类，其结构、造型、色彩以及工艺都有着与众不同的特点。这是源于湘妃竹独特的自然特征和悠久的文化内涵，因此可以说湘妃竹家具是中国竹家具大家族中的一朵奇葩。从工艺美术的角度，清代的湘妃竹家具无论是在艺术特色还是在审美价值上都已经趋于成熟，因此本小节将清代湘妃竹家具作为研究的主要对象，从造型、结构、色彩、工艺四个方面对湘妃竹家具的艺术特色进行解析。

1. 曲直相依

曲为柔，直为刚。湘妃竹家具结构中的“线”，就是在曲直之间寻求一种至美平衡的关系。竹材虽直，却直中带曲；竹材易曲，却曲中有刚。对于湘妃竹家具而言，没有绝对的曲线也没有绝对的直线，一切都是曲直相依，方圆共体。

如图7-20，这是一把清中期湘妃竹制黑漆莳绘喜上眉梢镶铜足靠背椅。椅子腿部由四根挺直的竹竿组合而成，刚直而劲挺。四根管脚枨每根由两条竹竿制成，这样做的目的是为了弥补竹材细小所导致的力学问题，来增加椅子的支撑强度。值得一提的是，这把椅子的管脚枨在造型上是借鉴明式家具中的“步步高赶枨”，极具吉祥之意。椅子上下两个部分由座板分隔，下半部几乎都是直线造型，包括大边、抹头、角牙等构件。椅子最具视觉美感的部分是两根由直变曲向上而冲的后背立柱和曲线造型的背板。

图7-20 清中期 湘妃竹制黑漆莳绘喜上眉梢镶铜足靠背椅

曲线造型的背板是由两根竹条夹黑漆莳绘喜上眉梢图案的漆板所制，曲线的造型不仅增加了视觉美感，而且从人体工程学的角度最大限度地适应了人体背部的结构。椅子的搭脑由两根弯曲的湘妃竹攒扎而成，且两边为双出头的造型。“形而上者谓之道，形而下者谓之器”，椅子的整体造型之所以上曲下方，其因是取“天圆地方”之意，这种中国古代朴素的辩证思想对中国传统造物观产生了重要的影响，并且直接反映在建筑、园林、家具等造物活动中。椅子的受力源于下半部，因此直线有稳固刚强之感；椅子的视觉中心源于上半部，因此曲线有阴柔含蓄之意。直线与曲线的长短、粗细、简繁的穿插、联结，形成直中有曲、曲中带直的对比效果，使椅子整体造型给人以俊挺、清秀又不失稳重的视觉感受。

2. 虚实相生

中国传统造物思想中有“虚实相生”之说。所谓“虚”，有内敛、含蓄之意，乃器物之空白与空间，是一种只可意会、不可言传的力场。湘妃竹家具整体的造型与结构采用的是线形构架，空白处留下大量的“虚”空间。在同一件家具上，空与空之间相互映衬、相互观照，使空间层次产生丰富的变化，同时也模糊了空间的边界。所谓“实”，是可以通过人的感知，看得见、摸得着的部分，如线形之实、框架之实、构件之实等。湘妃竹家具的造型正是有了虚与实的相生相适，才构成了其不拘一格的空间和力场。

湘妃竹家具造型中的“实”所呈现的是一种“合”的状态与力量，所谓“合”，在这里有聚合、联合之意。用湘妃竹制作家具，其劣势为原料奇缺且竹材细小，因此，在郁架时往往将多根竹材并接或攒接在一起，来增加家具支撑部位的力学强度。正所谓“失之东隅，收之桑榆”，这种看似摒弃的劣势，却造就了湘妃竹家具特有的结构特征和美学价值。如图 7-21，这是一张清代湘妃竹制霸王枨黑漆描金山水人物纹面条案，此件条案取湘妃竹为主材，其造型简洁隽秀、绮丽典雅。桌面作长方形，以湘妃竹片包边，面芯髹黑漆绘描金山水人物；四足均为湘妃竹制，且每根桌腿都是由九根竹竿并接而成，形成粗壮的方柱形腿足，视觉上的“实”与结构上的“实”相得益彰。值得一提的是，桌腿内侧由外向内延伸支撑的由四根曲线竹竿构成的霸王枨，其线形之“实”不仅强化了条案的线性特征，更凝聚了构件间线与线穿插接合的视觉力量。

图 7-21 清代 湘妃竹制霸王枨黑漆描金山水人物纹面条案

湘妃竹家具造型中的“虚”主要体现在其装饰构架辅件和整体线形构架间所留下的空白部位。例如在木制家具中常常采用镂空、镂雕的方式来制作家具的装饰构件，以营造家具的空间感。而竹材中空，不能雕刻，因此在湘妃竹家具的装饰构件中所采用的是“留空”的形式。所谓“留空”就是利用线与线之间的连接来构成抽象或几何形的图案，如 7-22 所示，小径湘妃竹条通过榫接组成中国传统的卍字纹或格纹等抽象的吉祥纹样。在湘妃竹家具中，屏联或架格等构件都是由这样连续性的抽象和几何图案构成的封闭性或者隔断性的虚空间，在空间上均密的排列。其不

图 7-22 清代 湘妃竹卍字纹茶棚

仅有装饰的作用，而且分解线形、构材留下的虚空间，极具朦胧感，仿佛蕴含着丰富的内容，透过虚空的图案有了延伸，观者心境因与自然的融合而得到释放，蕴含着古人超然象外的思想寄托。

3. 斑色相间

有诗云：“莫嫌滴沥红斑少，恰似湘妃泪尽时。”色彩和斑纹的交融所形成的独特视觉美感是湘妃竹家具区别于其他竹制家具的主要特征。中国传统色彩观念认为，黄色、红色和紫色都是吉祥之色。尤其到了清代，黄色被尊为帝王之色，“红红火火”“紫气东来”等词语也都是用来形容喜庆、富贵之意。而湘妃竹的金黄底色、红中透紫的斑纹和宛若祥云的图案恰恰迎合了当时中国人的伦理观念和审美心理，被王公贵胄以及文人雅士所青睐和追捧。

湘妃竹美丽的天然斑纹弥补了竹制家具不能髹漆、镶嵌装饰的不足，这种“天然去雕饰”的美在视觉和心理上给人以双重的审美感受。在制作湘妃竹家具时，为了保持湘妃竹家具斑纹和色彩的鲜明，需要通过脱水和干燥处理，之后还要经过人工打磨、抛光才能使其斑纹和色彩经久不变、永不褪色。为了使家具各部位的颜色和斑纹保持一致，在选材上也要选择竹龄、竹径、竹质相同的竹材。正所谓“取材幽篁体，搜掘同参苓”，一件完美的湘妃竹家具需要大量的人力物力才能够完成。如7-23所示，这是一张清代湘妃竹制漆面琴桌。此桌古朴大方，

图 7-23 清代 湘妃竹制漆面琴桌

竹纹清晰雅致，表面色泽温润自然。桌面的边抹以湘妃竹镶嵌，金黄色的竹材底色和紫红色的斑纹点点洒落在琴桌的边缘，色彩搭配华美，夺人眼球，构思巧妙，足见制者匠心。此桌虽历经百年岁月，但其斑色相间之美并未随之黯淡，反而更具幽雅之气。

4. 竹木相适

湘妃竹与木材的适以相成是湘妃竹家具在工艺上的重要特征，很多传世的湘妃竹家具中“面”的部分都是竹与木结合在一起制作而成的。所谓“面”是竹制家具构件中不可或缺的组成部分，有坐、卧、搁置等承重的功能，如椅面、桌面、案面等。湘妃竹的竹材细小，无法制作家具中比较宽大的“面”，当需要较大面积的材料时，就需要用木材进行代替。如 7-24，这是一张清中期湘妃竹攒接红木面条案，此案的整体框架部分为精选优质的湘妃竹制成，案面部分的制作是利用“上面”的工艺将湘妃竹与红木面板自然而巧妙地接合在一起。所谓“上面”就是利用钉面和修面的方法将木质面板接合在竹制框架上，这是制作湘妃竹家具的一道重要的工序。此案整体疏密有致，没有过多的装饰，设计简洁且架构合理，工艺和制作十分考究，格调高雅，稳重而不失俊秀，华美而不失质朴。

图 7-24 清中期 湘妃竹攒接红木面条案

四、当代文化语境下关于湘妃竹家具的思考

尽管湘妃竹家具有着美丽的斑纹、悠久的历史和精湛的工艺，然而却在生产与生活方式日益“西方化”的当代文化语境下趋于被边缘化的境地。现代家具对传统家具的冲击，不仅是在物质上，也是在文化上的“剥夺”。因此，重新打造湘妃竹家具的文化内涵、重塑其文化价值以及在当代文化语境下的物质传承，在“文化危机”日趋严重的当下，就显得格外重要而迫切。幸运的是，我们可以通过重塑文化内涵、拓展文化空间、增加家具品类等方式使湘妃竹家具在当代文化语境下得以复苏、存续和发展，具体可从如下几点进行思考。

第一，重塑其文化内涵，增加人们对于湘妃竹家具的了解和认知。

湘妃竹家具之美，不仅是因为其美丽的外表，而更多的是体现在其丰富的文化内涵上。首先，湘妃竹产于深山石缝之中，虽身处逆境却坚韧不拔。因此湘妃竹象征着坚贞不屈的气节和不屈不挠的品质。其次，湘妃竹的美丽传说也赋予了其关于爱情的意义。在清代上层社会的女性闺房中大多都会摆设一些湘妃竹家具，一方面是因为湘妃竹家具的纤细秀美代表着女性的阴柔，另一个最主要的方面是因为湘妃竹家具是女性对于爱情忠贞不渝的象征。将这些关于湘妃竹的文化内涵进行广泛的宣传，使人们增加对湘妃竹及湘妃竹家具的了解和认知，使湘妃竹家具成为能够代表中国传统造物精神的一个文化品牌。

第二，强化湘妃竹家具的实用功能与审美功能，营造新的文化空间。

当今社会已经进入后工业时代，化纤、玻璃、塑料等人工材料制成的家具经常被人们所诟病，人们开始越来越崇尚自然、简约、环保和实用。湘妃竹家具应发挥其天然材料的优势，设计生产出兼具实用与审美双重功能的适应当代人审美价值的家具产品。目前，“复古潮”“中国风”等追寻传统生活方式成为时下家居生活的趋势。在这样的文化背景下，茶艺文化空间，民俗民宿的崛起以及家居和商业中“新中式”空间的流行等都给湘妃竹家具的重生营造了新的文化空间。

第三，利用现代科学技术人工种植湘妃竹，增加湘妃竹家具的形制和品类。

目前，中国湘妃竹的品种改良和人工种植已经成为现实，中国河南省的博爱县就以盛产凤眼湘妃竹闻名于世，另外，四川、湖南等地在湘妃竹的人工种植上也有一定的规模。材料的丰富，手工和机械化生产的结合，为湘妃竹家具的普及提供了物质基础和技术支持。并且，应在湘妃竹家具的设计中融入现代设计美学的观念和元素，增加湘妃竹家具的形制和品类，拓展其使用环境，从而形成新的文化空间。

传统工艺文化正遭受一场前所未有的“危机”，尽管“只有民族的，才是世界的”口号还在耳边回荡，而现实中频频失传的手工艺以及失去了文化空间而举步维艰、濒临失传的传统技艺还是触目惊心，令人扼腕。湘妃竹家具历经数百年的岁月变迁，在当代的文化语境下正在淡出人们的视野，这是传统造物文化精神的迷失。因此对它的传承和保护早已不言而喻。在这个意义上，对于湘妃竹家具的研究和思考是其复苏、存续和发展的必由之路。

第五节　明清时期中西方的竹家具文化

中国是世界上唯一一个发明并发展完善了完整的竹家具体系的国家。在中国的家具体系中，竹家具、漆木家具、硬木家具是最重要的三大类。中国制造和使用竹家具的历史十分悠久，最早可以追溯到三千年前的周代，在很多关于周代的考古发掘中都出土过各种各样的竹制日用品（因为当时高足家具还未出现）。到了宋代，竹材的加工技术有了很大的发展，从制作工具到制作工艺都已经十分成熟，竹椅、竹床、竹榻、竹几等得到了广泛的应用，我们从很多宋代传世的绘画作品中也能看到竹家具的形象。自宋代以来，中国的硬木家具开始不断受到竹制家具造型和结构的影响。尽管目前还并未有史料去证明硬木家具中圆形截面的各种结构是受到当时竹家具的影响演变而来的，但通过一些造型和结构上的推测，两者之间必然存在着相关的联系。不可否认的是，由于竹子韧性强、易弯曲的特点，竹制家具中的各种曲线元素对于木制家具中的扶手椅和圈椅的曲线造型都产生了很大的影响。

一、西方竹家具的中国风

明清时期，中国明式硬木家具的发展达到顶峰，受其影响，竹家具也得到了长足的发展。不仅在国内很多制作精良、造型美观的竹家具产品受到社会各阶层的青睐，同时许多优秀的竹家具产品也随着中西贸易的开放而出口到西方各个国家，随后还出现了许多西方国家的皇室贵族定制出口的竹家具产品。这一时期，西方的许多国家也开始流行中国风格的产品，并出现了许多竹家具的制作工坊。以上这些可以说明，明清时期的竹家具不仅在中国发展并逐渐走向成熟，而且还被西方国家的主流社会所接受，此时的竹家具在全世界的范围内都得到了认可。

在吉莉安·沃克林所著的《古代竹家具》一书中提到，中国最早存在的全竹结构家具可上溯到 15 世纪，也就是中国的明代中期。但根据我国的考证，竹家具的起源要远早于这个时间，因此可以初步认定，中国对西方竹家具的出口活动至少在 15 世纪时就已经存在了。事实上，中国硬木家具出现在西方视野里的时间要晚于竹家具和漆木家具。不仅如此，在一些史料中记载，在 18 世纪初期就已经出现了硬木家具模仿竹制家具造型和结构的现象，例如裹腿做、劈料做就是从竹制家具中得到的启发。所谓“裹腿做”就是罗锅枨高出四足的表面，似是用柔软的物体缠裹而成，这种在明式硬木家具中的独特造型，就是从当时的竹制家具中得到的启发，再运用到硬木家具中。如图 7-25 所示，这是一张明代黄花梨裹腿做罗锅枨半桌，此桌圆形腿足，加上桌面边抹立面，其下的垛

图 7-25 明代 黄花梨裹腿做罗锅枨半桌

边与罗锅枨均劈料做起双混面，如同数个小竹枝弯拼而成。硬木仿竹还多表现为仿竹节形象或者是抽象的线条和圆形轮廓。据相关资料显示，这种仿竹硬木家具早在宋代就已经出现了，西方比我们整整晚了将近 600 多年。出现仿竹家具的现象与当时西方对竹家具与中国风格的热爱是分不开的。18 世纪的欧洲十分崇尚中国风格，喜爱程度几乎达到顶峰，中国家具在欧美的上流社会更是深受追捧，是最重要的出口物品之一。为了满足大量的用户需求，欧美的家具制造风格也开始直接仿照中国的竹家具来进行设计和生产。19 世纪中期，欧美的许多国家都建有自己的竹家具厂和制造仿竹家具的工坊，仅在英国就建有超过 150 家注册的竹家具厂，并且这些竹家具厂将中西方文化进行吸收和融合，慢慢地形成了具有本土鲜明个性的竹家具风格。

这一时期西方人对竹家具的喜爱产生了一个很有意思的现象，就是无论是他们自己生产的还是从中国进口并收藏的，欧美国家保留和收藏的明清竹家具甚至比中国的还要多、还要古老。相反，中国保存和收藏的竹家具实物和制作竹家具的历史资料并不多，研究明清竹家具很多时候都要依靠国外的资料。再者就是依靠明清时期传世的绘画作品，但绘画作品终究不能和实物相提并论，这也是研究竹家具的一个难点。尽管中国在 17 世纪中期发生了由明代向清代的朝代更替，但竹家具的出口并没有因此而停止，双方的竹家具贸易往来并没有发生实质性的变化。因此，虽然明代家具与清代家具在设计上存在着明显的差异，但孤立地去谈论明代或清代出口的竹家具都是不恰当的。

二、中西方竹家具的样式特征分析

1. 明清时期的民间竹椅

最能体现和代表中国竹家具的形态特征、造型样式、结构工艺的品类，可能非民间竹椅莫属了。至今，在美国的皮博迪 · 艾塞克斯博物馆还收藏着一件中国清代（大约 19 世纪中期）制作的一把民间竹椅，如图 7-26 所示。由此可见，这种形制的民间竹椅在当时已经十分流行，并且这种流行的现象也引起了西方人的兴趣。在研究明清竹家具时，很多人研究和关注的焦点往往只是集中在宫廷中和文人士大夫家中那些制作精良、材料考究的仿硬木形制的竹家具。其实，就设计美学的角度而言，民间竹家具和那些登堂入室的仿硬木竹家具相比较，尽管这种低座面高靠背的民间竹椅造型朴素、结构简单、工艺粗犷，但却丝毫不能掩盖其独特的美学价值和在设计中的智慧。

这种家喻户晓的民间竹椅可能由一种民间竹凳（图 7-27）演变而来，是在竹凳的基础上加入了椅背，增加了其实用的功能。竹椅左右两边的前腿和后腿是用两根较粗的竹材进行开槽弯曲和开榫弯曲，前后用两根竹子作为座架，穿过榫眼，使椅子的腿部可以向外倾斜，这种结构所带来的优势是可以增加竹椅的牢固性和稳定性。这种民间竹椅的座面大多是由竹片横向紧密地排列构成，竹片的两头需要插入左右两侧的座架中,座面架则插入前后坐架的榫眼中。座面下方的位置一般有两根纵向的穿带支撑，穿带插入前后座架的榫眼中，竹椅一般都要外加管脚枨以增强竹椅的稳定性。在此基础上，两根较长的靠背框架穿过左右座架，上端插入搭脑两端，下端插入左右管脚枨的榫眼中，目的是为设计靠背的造型留下一定自由的空间。一般这样的竹椅，其靠背都是由不同数量的竹片所构成，当然，这也不是固定的设计样式，其中也有很多更加复杂的结构和优美的造型，但从总体上来说，靠背架、靠背和座面三个主要的结构部分从侧面构成了一个类似三角形的稳定力学结构，这样可以保证不同的使用人群

图 7-26 民间竹椅

图 7-27 民间竹凳

在使用竹椅的时候靠背的稳定和牢固。

这种竹椅在中国南方农村或者城镇几乎家家户户都能找到，在中小城市也很常见。我们可以想象出来，当时这种竹椅的使用场景。在一个普通的人家，人们坐在竹椅上做着一些家务。较低的座面使他们能够方便地将劳动用品放在周围的地面上，工作的时候便于取放，不用再去弯腰，使室内空间更加灵活，而结实的靠背使他们能够在工作间隙休息。根据时间和内容，他们可能在室内或室外。小而轻的椅子使他们可以很容易地移动，椅子粗壮的四条腿几乎可以适应任何地面。这样的竹椅无论是在乡村还是城镇，都可以很好地满足使用者的需求。另外，这种竹椅特别适合炎热潮湿的南方，大片的竹片接触到人体会使人感觉清凉透气，是闲暇时外出纳凉小憩的“神器”。值得一提的是，在南方还有一种竹编的纳凉工具，形制有点像一个大号的蝈蝈笼，南方人称之为竹夫人（图 7-28）。尽管我们不能把它纳入竹家具的范畴，但是其从一个侧面反映了竹家具或者竹制品对于南方家庭的重要作用。

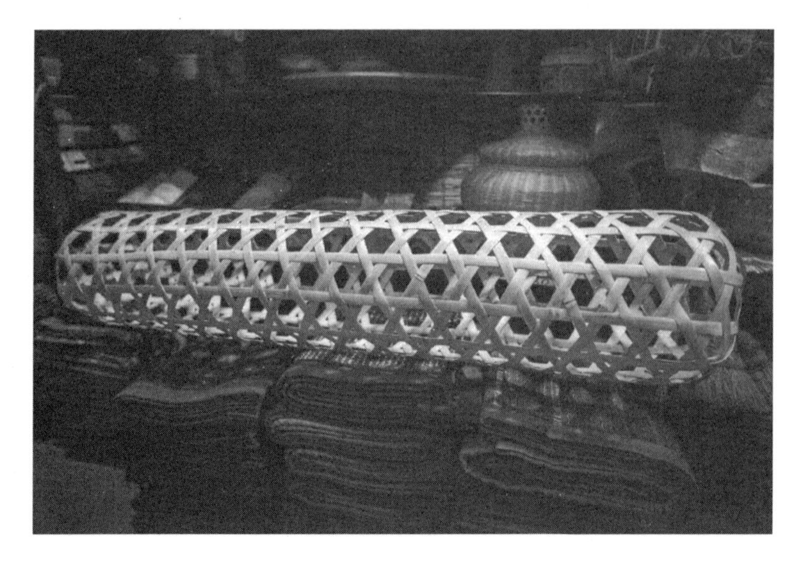

图 7-28 竹夫人

2. 精美的竹制圈椅

圈椅是明清硬木家具的经典样式之一，其天圆地方的造型和稳固舒适的使用功能，无论是在明清时期还是现代都受到人们的喜爱和追捧。硬木制作的圈椅是比较普遍和常见的，提到竹制圈椅可能很多人会比较陌生，因为竹子中空不适合做榫卯结构，因此许多人认为竹材不适合制作形制较大且结构复杂的家具。但图 7-29 中所展示的这对来自山西的清代竹制圈椅却完全颠覆了我们的认知，从其精美的造型和复杂的结构上看，其设计美学价值完全不输于任何一件硬木制作的圈椅。尽管我们目前还无法考证是竹材的弯曲技术对硬木家具产生了影响，还是硬木家具的造型对竹家具的形制产生了影响，但是毫无疑问，竹材的加工技术与工艺完全可以制造出圈椅这样经典的硬木家具的造型。

图 7-29 清代 竹制圈椅

从外观上看，这张圈椅与硬木圈椅并没有什么不同，在结构和造型上都十分符合竹子特有的加工特点。椅子下半部分的椅面由篾好的竹片经过拼接制作而成，竹片的两头分别插入开榫后弯曲的边框中，其目的是为了增加座椅支撑面的强度。椅面的每个边框都是由四根竹子叠加围制而成，外观上看显得十分结实厚重。椅子的腿部由四根直竹插入边框的四个角，边框下方的前后位置被两根开榫弯曲的管脚枨所固定，在椅腿和椅面边框之间还利用弯曲的小径竹做枨，既美观又能起到加固的作用。这两张圈椅的结构中运用了很多开槽弯曲和火弯弯曲的加工工艺，曲线的起伏富有韵律感，同时通过并接的方法将多根竹子接合在一起，来加强结构的强度，使竹圈椅的造型整体而大气，使用起来像硬木圈椅一样高而宽大。这样的圈椅一般都是官宦人家或者文人士大夫使用，由于其制作难度和制作成本很高，普通的百姓几乎很少使用。这张竹圈椅最经

图 7-30 竹制圈椅局部

典的造型是它的扶手，图 7-30 是该圈椅的局部图，椅子的扶手是由一根整竹经过弯曲定型制作而成的，椅子的四条腿穿过座面的边框与扶手连接。值得一提的是，在扶手和椅面边框的中间还连接了两根小径竹，这个结构和硬木圈椅中的联帮棍有异曲同工之妙。由于竹材不适于雕刻，因此竹圈椅的背板装饰主要是由细竹拼接成的镂空格纹图案，类似于明清园林建筑中的窗棂，这样的艺术处理兼具功能和装饰作用，成了这把竹椅最大的特色。

这把竹制圈椅无论是在造型、结构还是在制造工艺上，都可以说是当时竹家具制造的最高水平。尽管这把竹制圈椅是制作于清代的家具，但从它的身上依然能看到明式家具的神韵，简约而素雅，没有冗杂繁缛的装饰，是功能与形式完美的统一，堪称中国传世竹家具中难得的精品。

3. 18 世纪的丹麦竹扶手椅

西方竹家具的发展主要是依靠模仿中国进口竹家具的造型和结构。17 世纪早期，中国就已经开始通过海上以及港口通商的方式向西方出口竹家具。对于竹家具为何会被当作商品出口到西方，目前有一种推测是在运送中国茶叶和瓷器的商船上，普通船员所用的竹家具，如竹椅、竹凳、竹床等，在商品交换、沟通交流的过程中被西方船员或商人发现。竹家具实用简约的造型及其所具有的独特的中国风格受到了西方人的青睐，因此竹家具也逐渐作为商品开始从中国出口到西方。明清时期，竹家具的出口量很大，规模达到巅峰，更重要的是在这些出口西方的竹家具中，有很大一部分是专门为西方市场和专人定制的产品。这些竹家具在满足西方对中国风狂热追求的同时，也不可避免地受到当时西方设计风格的影响。

如图 7-31 所示，这是 18 世纪为丹麦商人所定制的一把六角扶手椅。这把椅子最有特点的地方是有 6 条腿，搭脑和扶手都进行突出的设计，有点类似中国的官帽椅。整个竹椅的结构都是由大量的竹制构件通过插销等方式连接而成。椅子靠背、扶手，以及椅面框架周围的边框和圈口处都装饰着各种中式几何纹样的镂空竹雕，从这一点上可以看出定制者对于中国元素的喜爱程度。至于为什么用 6 条腿，笔者认为欧洲人的体型都比较高大健壮，竹家具本身在视觉和心理上都会让人感觉没有木制家具那样结实牢固，因此，欧洲人在定制的时候会根据自身生理和心理特点去改变竹家具的设计要求，来适应自己对功能的需求，而 6 条腿给人以更加稳定的感觉，这样的设计也是人之常情。但是从外观上看，整个竹椅在装饰和结构的设计上由于过于复杂而显得笨重，繁缛的装饰也掩盖了竹子本身的美感。这样的设计与当时欧洲流行的洛可可式风格如出一辙，其忽略了功能上的要求，而将过多所谓的中国元素罗列堆砌在竹椅上，这种设计现象在当时出口欧洲的定制竹家具中比比皆是，并且在西方社会还很流行。这些定制的出口竹家具在外观形式上试图设计出很多的中国元素，但在设计理念上与当时简约雅致的明式家具相差甚远，从这一点就可以看出东西方在文化和审美上的巨大差异。

图 7-31 18 世纪 丹麦定制六角扶手椅

图 7-32 19 世纪 英国竹制休闲椅

4. 19 世纪的英国竹制休闲椅

19 世纪中叶，英国通过战争不仅用武力打开了中国的大门，同时也将西方的文化带到了中国，中西方的文化交流就在这样一种不友好的方式下开始了。当英国人大量进入中国后，他们对中国的文化产生了浓厚的兴趣，这其中也包括对竹家具的青睐。如图 7-32 所示，这是一把竹制休闲椅，其大约制作于 19 世纪末期。这一时期，西方的竹家具设计与最初从中国定制的竹家具相比，无论是在造型还是在结构上都有了巨大的变化。首先，18 世纪的那种洛可可式的装饰风格已经消失，对中国风格无节制的狂热也已经退去，竹家具的装饰手法不再是各种中国几何纹样图案的繁缛堆砌。其次，随着英国工艺美术运动的发展，竹家具的造型脱离了之前维多利亚风格的矫揉和华而不实，设计的重点由简单的中国风格转向了对中国精神的理解和发展上。同时，随着日本在亚洲的崛起，日本的文化和艺术风格也对其产生了一定的影响，通过对各种文化的吸收和融合，英国在竹家具的设计上逐渐形成了其特有的风格。

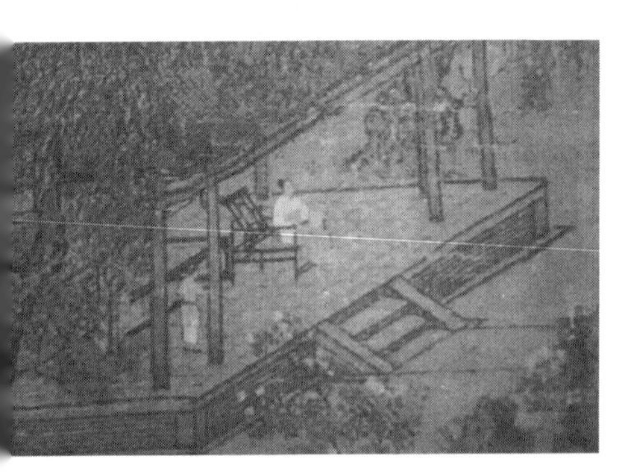

图 7-33 南宋 刘松年《四景山水图・夏景》局部

图 7-34 仿制松年椅

以图 7-32 中的英国竹制休闲椅来说，事实上这把椅子从外观到结构都是中国传统设计思想、日本装饰风格和英国工艺美术运动三者的组合。其实，这把竹制休闲椅的原型是中国的“松年椅”，但是融入了许多英国本土的文化符号和特色。所谓松年椅，就是南宋画家刘松年在《四景山水图・夏景》（图 7-33）中绘制的一张躺椅，在某影视作品中还仿制了一把松年椅（图 7-34）。这把英国竹制休闲椅最显著的特点就是座面和靠背改用热弯制成，加宽了扶手，整体长度有所缩短，结构也更加紧凑；四条腿的末端向外弯曲，这在以前的竹家具中是非常罕见的。在西方家具史中，曲腿造型的家具在很长一段时间内都是主流的设计样式，但材质一般都是以木制和金属为主，而且西方木制家具中的曲腿设计并不像中国明式家具那样简约而轻盈，相反很多都是宽大粗壮，弯曲中带有很多雕刻的装饰成分，因此在造型上显得十分臃肿；金属家具的曲腿设计尽管结实但还是略显笨重。在当时的审美背景下，竹材才是家具曲腿设计的最佳材料，良好的韧性使得竹制曲腿能在外观简洁、结构稳固和重量轻巧三者之间取得很好的平衡。

三、西方的仿竹家具文化

仿竹家具因材料的不同其实并不是真正意义上的竹制家具，但笔者认为，在研究同时期西方竹家具文化的时候还是有必要把这种家具进行一下分析的，因为中国家具以及中国传统竹文化在西方仿竹家具的流行中扮演了十分重要的角色。在 18 ~ 19 世纪，中国的竹家具在西方已经是上流社会必须拥有的“奢侈品”，很多王公贵族以拥有一件中国风格的竹家具而感到荣耀。但欧洲并不是竹子的产地，光靠进口和自己生产的竹家具根本无法满足西方整个社会对于竹家具的需求，物以稀为贵，这也就催生了这种类似于山寨产品的仿竹家具的出现。当然，我们不能认为仿竹家具就是山寨产品，因为它们中也有很多做工精良、造型精美的家具，在结构和功能上都做得比较考究，而模仿竹子的造型本身也符合当时工艺美术运动对自然形态的追求。

西方的仿竹家具主要分为两种类型：木制仿竹家具和金属仿竹家具。英国的乔治四世邀请知名建筑师约翰·纳西修建布莱顿行宫，乔治四世对中国风格的喜爱几乎到了狂热的地步，他要求设计者必须按照中国的元素及样式来打造行宫。其实他的御用设计师和建造行宫的工人都没有真正去过中国，他们对中国的印象都是从书中或者一些工艺品和绘画作品中获取的支离破碎的片段，所以整个行宫的外观和内饰设计全靠的是设计师们天马行空的想象力，最终行宫建造出来后呈现的是一种外观偏印度风格的感觉。但就这一仿竹扶手（图 7-35）来说，其外观还是相当的精美，如果不是欧洲几百年来金属技术深厚的积淀，很难用金属把竹子的形态模仿得如此惟妙惟肖。

图 7-35 布莱顿行宫铸铁仿斑竹楼梯扶手

图 7-36 英国齐彭代尔式仿竹家具

说到西方仿竹家具不得不提到一个人，他就是英国 18 世纪著名的家具设计师齐彭代尔。如果说上面的例子是对竹子具象的模仿，那么图 7-36 中的这把木制仿竹椅则是齐彭代尔对竹子的抽象提炼和再发挥。这把竹椅的造型和结构，即使放在今天，仍然能让人感受到它充满中国风格的华丽气质，其整体结构与其他木椅基本一致。有时齐彭代尔会把木头涂上油漆来模仿竹节和湘妃竹上的斑点。齐彭代尔喜欢在自己设计的椅子的靠背上使用他所理解的中国图案，主要以直线格子为主，而这把椅子的靠背却清新脱俗，大胆地使用了交织的曲线以表达竹子的柔韧感。座面的前后边框微微下弯，与座椅整体风格十分相衬。而座面上使用拼接的条纹织物，显得富有活力。为了更好地模仿竹子的感觉，在座面边框和椅腿的连接处还使用了三角形的结构加固，这是竹椅上常用的加固方式。总体上来说，这把椅子在齐彭代尔设计的各种椅子中显得非常独特，其并没有去刻意地复制或模仿中国竹家具的造型语言，而是将竹子的形态融入西方家具的造型中，和该时期的其他家具相比更加简约，更加现代。

四、明清时期中西方竹家具的文化比较

中国的竹文化有着几千年的历史，它象征着文人士大夫阶层清正高洁、追求独立人格的精神寄托，这种精神上的信仰同样也融入大众对竹家具的喜爱中。

在士大夫精神的影响下，中国的竹家具承载了比硬木家具和漆木家具更加浓厚的人文情怀，这是中国人热爱竹家具与西方人热爱竹家具最根本的不同之处，也是中西方竹家具产生差异的最深层的原因。西方人知道中国人喜欢竹，但是中国人的竹文化却无法真正融入西方人的血液中。

对于西方来说，竹家具是当时盛行的中国风的一部分，是一种充满异域风情的时尚玩物。当然，西方人发现竹子作为家具材料的种种优点，但是他们对这种材料本身的喜爱远不及他们对中国风的狂热追捧。所以竹家具开始在西方流行后的很长一段时间里，成了西方人热爱中国风的载体，他们对竹家具的喜爱也是流于形式。那些西方人从中国定制的竹家具大多在造型和结构上并无新奇之处，在装饰上则冗杂烦琐，靠背、扶手以及各个边框处塞满了中国图案造型的竹雕，在设计上还是没有脱离洛可可风格的影响。相反，中国人对竹家具的喜爱源自对竹子本身的敬仰，西方人把中国图案作为对竹家具的装饰，中国人则把竹子作为对自己居住环境的装饰，不仅包括竹家具，还包括竹子的绘画以及在庭院内种植竹子，所以对中国人来说，竹家具最重要的是体现竹子的特性，这就使得中国竹家具的设计更多的关注结构和功能。

明清时期的中西方竹家具无论是形态还是功能都很不相同。尽管有着极度发达的海上贸易和对中国风的浓厚兴趣，西方人眼中的竹家具始终和中国人眼中的竹家具有着巨大的差异。这些差异的根源在于两者不同的文化以及竹家具在两种文化下不同的使用群体。表现在产品上的结果就是明清时期西方竹家具的普及程度并不及中国，造型上多为中国元素的简单堆积，并且衍生出各式各样的仿竹家具。随着工艺美术运动的发展，西方竹家具的造型渐渐脱离了巴洛克风格的矫揉造作，并融入了一些日本元素，使得西方的竹家具变得比以前更加独特，也更加有趣。同时期的中国竹家具则在纵向和横向上全面发展，从达官贵人到平民百姓都在使用，工艺上也不断推陈出新，设计理念则基本保持着中国家具自己的个性，再加上一直以来竹文化的积淀，使得中国竹家具在世界家具史上写下了浓墨重彩的一笔。

如今，竹家具以其环保的特点再次引起了世界制造业的关注。遗憾的是，与当今西方国家的竹家具产品相比，中国的竹家具在设计上普遍缺乏创新。作为竹子生产大国和竹家具的始祖，浮躁与不自信已成为中国竹家具设计发展的两大障碍。西方之所以走在了竹家具发展的前沿，是因为西方在设计上并没有形成一个固化的模式，他们虽然在设计的某些方面保留了竹家具与中式风格的关系，但是在整体上基本脱离了东方风格的束缚，将竹家具的设计和西方家具设计潮流相结合，风格上更加大胆、自由和本土化，在结构、造型、工艺上也都有很大的创新。反观我们，为什么会在新一轮的竹家具设计潮流中落后于西方，笔者认为主要的原因是我们过于强调竹文化和竹元素的中国风格。在设计上画地为牢，总是跳不出固有风格的圈子，自己给自己戴上了“紧箍咒”。

在明清时期，中国从没有对西方宣传竹文化，也没有刻意地去提及所谓的中国元素。正是因为国家的繁荣和文化的自信，以及我们深厚的文化底蕴和美学特色吸引了西方人对于竹家具的兴趣和喜爱。无论西方是否认同我们的传统竹文化，他们最终都发展出属于自己本土风格的竹家具产品。因此，我们在设计上不要为了风格而风格，而是要在竹家具中体现出一种精神，一种文化上的自信，传承和发展前人给我们留下的宝贵的物质财富和精神财富。“只有民族的，才是世界的。”这不是一句口号，而是振聋发聩的声音，它时刻在提醒着我们要从中国人的审美感受和精神需求出发，创造出真正属于中国的当代竹家具。

参考文献

[1] 傅经顺 . 宋诗鉴赏辞典 . 上海：上海辞书出版社，1987.

[2] 陶宗仪 . 南村辍耕录 . 济南：齐鲁书社，2007.

[3] 任昉 . 述异记 . 长春：吉林大学出版社，1992.

[4] 中共中央文献研究室 . 毛泽东诗词集 . 北京：中央文献出版社 .1996.

[5] 中国科学院中国植物志编辑委员会 . 中国植物志 . 北京：科学出版社，2004.

[6] 许江，范景中 . 中华竹韵 . 杭州：中国美术学院出版社，2018.

[7] 邹永前 . 神祇的印痕：中国竹文化释读 . 成都：四川大学出版社，2014.

[8] 李衎 . 竹谱详录 . 济南：山东画报出版社，2006.

[9] 王象晋 . 群芳谱诠释 . 北京：农业出版社，1985.

[10] 夏燕靖 . 中国艺术设计史 . 上海：上海人民美术出版社，2013.

[11] 彭圣芳 . 微言：晚明设计批评的文人话语 . 上海：上海人民出版社，2014.

[12] 柯律格 . 长物：早期现代中国的物质文化与社会状况 . 高昕丹，陈恒，译 . 北京：生活·读书·新知三联书店，2015.

[13] 樊树志 . 晚明史 1573—1644(上册). 上海：复旦大学出版社，2003.

[14] 李玉栓 . 明代文人结社考 . 北京：中华书局，2013.

[15] 宋应星 . 天工开物译注 . 潘吉星，译注 . 上海：上海古籍出版社，2013.

[16] 王士性 . 广志绎 . 北京：中华书局，1981.

[17] 乔子龙 . 匠说构造——中华传统家具作法 (上). 南京：江苏凤凰科学技术出版社，2016.

[18] 李约瑟 . 中国的科学与文明 . 台北：台北商务印书馆，1997.

[19] 王圻，王思义 . 三才图会 . 上海：上海古籍出版社，1988.

[20] 午荣 . 鲁班经白话译解本 . 张庆澜，罗玉平，译注 . 重庆：重庆出版社，2007.

[21] 张宗登 , 张红颖 . 潇湘竹韵：湖南民间竹器的设计文化研究 . 南京：江苏凤凰美术出版社，2017.

[22] 严克勤 . 嘉木怡情——明式家具审美丛谈 . 北京：中国大百科全书出版社，2016.

[23] 陈乃明．江南明式家具过眼录．杭州：浙江人民美术出版社，2018.

[24] 故宫博物院．倦勤斋研究与保护．北京：紫禁城出版社，2010.

[25] 方海，汪相．东竹西渐：明清时期中西方竹家具案例比较研究．南京艺术学院学报（美术与设计），2015（06）.

[26] 袁宣萍．十七至十八世纪欧洲的中国风设计．北京：文物出版社，2006.

[27] 何芳．他者与竹趣——倦勤斋与英国布莱顿宫室内装潢的竹元素之比较．艺术设计研究，2019（02）.

[28] 齐九玲．必须尽快地恢复、抢救斑竹家具文物．中国文物科学研究，2009（12）.

[29] 田家青．明清家具制作与收藏鉴赏．北京：文物出版社，2006.

[30] 吴山．中国工艺美术大辞典．南京：江苏美术出版社，1989.

[31] 周京南．工精料细 灵秀可人 故宫博物院收藏的文竹家具．紫禁城，2004（06）.

[32] 李建辉．竹簧工艺研究．湖南工业大学，2012.

[33] 熊姝．江安竹黄工艺的传承与发展研究．四川省社会科学院，2016.

[34] 燕小明，陶继明．嘉定竹刻．上海：上海文化出版社，2010.

[35] 金西厓，王世襄．竹刻艺术．北京：人民美术出版社，1980.

[36] 何明，廖国强．中国竹文化．北京：人民出版社，2007.

第八章 | 明清竹家具的生态之美

第一节　何谓生态美学

“生态学”[1]一词最初是由德国生物学家厄恩斯特·赫克尔提出的，他将生态学定义为研究生物体与其周围环境之间关系的一门科学，而生态美学是生态学与美学的结合。从一开始，生态学的焦点就不是一个个体，而是整个生态系统。生态学研究的对象是一切生物与其生存环境的关系，而美学关注的是人与世界的审美关系，它们都关心人与自然、人与环境的关系。“生态美学”更注重人与自然的和谐，将人与社会融入自然，形成一个整体，从而在美学的领域关注整个生态系统的平衡。

虽然在中国古代美学史上并没有“生态”的概念，但在儒家和道家等著名哲学思想中可以找到关于生态美学的观点和论述的影子。在以孔子为代表的儒家思想中，由于当时的社会背景比较特殊，所以儒家思想把整个人类社会视为一个生态系统，并且注重社会生态的平衡与调整。中国道教传统思想中著名的

[1] 德国生物学家厄恩斯特·赫克尔在1866年所创造出来的一个新词汇，用他自己的话说，这是一门“对自然环境，包括生物和生物之间以及生物与其环境间相互关系的科学的研究”。

“天人合一”的思想，始终强调“天地相依，万物合一”，即人与万物合为一体。从中可以看出，儒家和道家都强调人与社会、人与自然和谐共处的重要性。因此，我们可以得出结论：中国传统的生态美学所关注的对象是包括自然、社会、人三个方面的整个生态系统的美学内涵。

首先，生态美学的一个突出特点是强调宇宙万物的整体性，它不是从某一物种的角度来看待生命的变化，而是把生命视为人类和自然的共同属性。生态美学中所强调的生命不仅是指人的生理上的生命，还指包括人与自然的生命力在内的整个物化世界。在人类生活中，世界并不是相对于人类而单独存在的，而是人类生活的那个世界；同样，人也不是与世界分离的生命，而是存在于世界中的一种有生命的躯体。人与宇宙是相互依存的，没有主体和客体。因此，我们应该认识到人与自然应该和谐共存、相互尊重，盲目固执地认为人类应该凌驾于自然之上的想法是愚蠢的，而无休止地破坏自然和所谓的改造自然更是愚蠢的，这实际上剥夺了人类自身的生存权利。庄子在其“道法自然”的思想中就提道：“则天地固有常矣，日月固有明矣，星辰固有列矣，禽兽固有群矣，树木固有立矣。”[1]。

一切事物都有其存在的基础和规律。如果人类在生活中违反和破坏了这样的规律，也就是说，破坏了人与自然之间的平衡，那么最终会带来痛苦的后果。生态美学的特殊性在于它不仅关注人与自然环境的关系，其更注重人与社会文化环境的关系。文化环境与自然环境是相互联系、相互制约的，不同的自然环境会导致不同的文化特征的形成，不同的文化环境也会影响自然环境的形成和建设。生态美学强调人类不仅要关注自身与自然的关系，更要关注与社会之间的和谐共处。孔子在《礼记》中说道：“故君子有礼，则外谐而内无怨。”[2]外在礼节转化成为内在的一种平和，从而使内外达到和谐，心中不生抱怨。这是

---

[1] 孙通海（译注）. 庄子. 北京：中华书局，2007.

[2] 陈澔（注）. 礼记. 上海：上海古籍出版社，2016.

孔子提出的解决社会生态问题的方法，可以看出儒家思想是十分重视人与社会之间关系的和谐。与此同时，孔子也把“善”作为社会生态美的评判标准。

事实上，生态美学的目的是让人们在整个世界，包括自然环境、社会环境和文化环境中体验一种精神上的幸福和愉悦，这也是生态美学的本质。生态美的深层含义在于宇宙中一切生命的相互依存和共同存在。人类不仅能感觉生态之美，同时也要融入天地万物，从而达到“天人合一”的境界去欣赏和体会生态之美，同时也认识到人与生态系统和谐的存在之美。生态美学以和谐为最高的审美形式。深刻理解人与自然和谐相处之道以及人与世界和谐相处的重要性，对于我们更好地运用自然规律、创造美好生活具有重要意义。

第二节　中国传统生态美学思想与竹文化

在中国博大精深的传统哲学思想中，“天人合一”和“万物之理”是中国传统生态美学思想的核心内容。该思想主张尊重自然，善待万物，在自然更迭、动物繁衍、天地变化中寻找灵感并发现规律。本节将从中国传统哲学流派入手，研究并总结中国传统生态美学思想。

一、中国传统哲学中生态思想的起源

《易经》是中国传统文化的一部辉煌巨作，距今已有3000多年的历史，是中国文化中最主要的经典著作，也是中国进入文明社会的重要标志。人类在远古时代就开始对于天、地、人的观察和思索，而且从中领悟到天、地、人与自然环境协调共生的基本原理，构成了“天人合一”的早期形态。伏羲通过俯察上古先民生活和生产环境以及当时的气象变化与自然灾变，总结出八个意象符号，而这八个基本符号组成的先天八卦图两两相重，演变为六十四卦，说明阴阳交融、相互调和的理念，这就是中华民族在意识形态形成初期，强调人与自然的和谐统一的生态文明思想的起源。《周易》中提出了“生生之谓易”的

美学思想，即活生生的个体生命的生存发展。《周易》中还指出："天地之大德曰生，圣人之大宝曰位。"即将生命视为天地赐予的最大恩惠，保护天地万物的生命应是人类最高的行为准则。《周易·泰·象》曰："则是天地交而万物通也，上下交而志同也。"即天地交好会给人带来美好的生存环境，这种符合自然规律的天地活动便是"美"。中国古代所说的"美"指的是"中和美"，即天地万物各在其位，生命蓬勃、旺盛有力，是一种生态美的表现。中国古代许多文人将这种生态美的意境融入诗词、绘画等文化活动中，例如魏晋南北朝时期的谢赫在《古画品录》中提出了"六法"，其中第一法就是"气韵生动"说；唐代著名的诗人王昌龄在《诗格》中提出了"意境说"；还有当代著名的美学家宗白华提倡的"生命美学"等[1]。

二、道家的生态美学思想与竹文化

道家的生态美学是中国传统生态美学的重要组成部分。《老子》中的生态美学基础是"道"。老子将"道"解释为天、地、人以及万物之源。道存在于世间，看似无形，但在本质上，"道"最高的审美标准是纯粹的无为、平淡而深远、和谐共存。道家主张"自然美"，认为自然是美的最高境界，万物以其自然的生长规律和形态存在着，构成了一个生机勃勃、可持续发展的生态系统。

1. 道生万物

在中国传统哲学思想体系中，以老子和庄子为代表的道家思想具备了完整的理论体系和美学内涵，其中蕴含的生态美学思想成为中国历代审美思想发展的重要依据。首先，道家思想中提出了万物平等的概念，指出人与天地之间的生存法则，人要以天地和自然为依归，源于自然且回归自然。《庄子·齐物论》

[1] 宗白华吸收叔本华、柏格森的生命哲学和歌德的泛神论，与中国传统哲学思想加以融合，认为宇宙是无尽的生命，美就在生命。生命，其本质在精神。宇宙的精神体现在活力上，故美在活力，活力也就是创造力。

中也有“天地与我并生，而万物与我为一”的说法，这段话充分解释了人与自然的统一。道家的核心思想是“道”，“道”是宇宙万物的本源，《老子》第四十二章中写道，“道生一，一生二，二生三，三生万物。万物负阴而抱阳，冲气以为和。”人与自然都是来源于“道”，因此，人与自然应是平等统一的。人与自然万物和谐相处才是真正具有“德”的世界，“德”就可以看成是“道”，而真正的君子就是符合“道”的规律的人。在中国传统竹文化中，竹一直被人们当成高风亮节、儒雅清秀的谦谦君子，古代文人雅士们常用竹来比喻具有高尚品格的人，把竹当作人赋予其优秀的品质。《晋书·王徽之传》中讲了王徽之爱竹的故事。

“时吴中一士大夫家有好竹，欲观之，便出坐舆造竹下，讽啸良久。主人洒扫请坐，徽之不顾。将出，主人乃闭门，徽之便以此赏之，尽叹而去。尝寄居空宅中，便令种竹。或问其故，徽之但啸咏，指竹曰：‘何可一日无此君邪！’”[1]故事讲的是，当时吴中有一士大夫家有好竹，王徽之想要观赏，便坐上轿子到了竹林下，吟诵歌唱了很久，主人正在清扫庭院便请他坐下，王徽之回头不理。他刚刚想要离开，主人关上门强留他，徽之只好留下赏竹，尽兴才离开。有一次王徽之寄居在一座空宅中，住下后就令人种竹，有人问他原因，他只是吟诵歌唱，指着竹子说：“怎么可以一天没有这位君子呢？”

“可使食无肉，不可居无竹。”这句苏轼的名言就是源于这则故事。从此，“君子”之称便成了竹的代名词。竹不仅是一个作为描绘对象的自然景物，还是已经幻化成为具有优秀品质的人的形象，是与他们平等的存在，这与老子和庄子思想中“天地万物平等共存”的思想相吻合。明清时期的文人对于竹的歌颂更是空前高涨，如郑板桥的《竹石》：“淡烟古墨纵横，写出此君半面，不须日报平安，高节清风曾见。”清代文学家蒲松龄的《竹里》：“尤爱此君好，搔搔缘拂天，子猷时一至，尤喜主人贤。”晚清爱国诗人、教育家丘逢甲的《题

[1] 房玄龄．晋书．北京：中华书局，2015.

画诗二首》:“此君在今日，大觉无不可。风雨震诸天，空山自龙卧”等。这些关于竹的传颂为明清时期的竹家具使用和制造提供了美学和精神上的双重支持。

2. 恬淡寂漠，虚空无为

“恬淡寂漠，虚空无为”是天地平衡的标准，也是道家认为一个人的道德修养所要达到的最高境界。庄子在理想人格方面总结了“圣人”所应该具备的品质，比如“恬淡虚无”才是道德修养的最高境界。不需要严于律己而有崇高的品性，不需要仁义而修身养性，不需要追求名利而自然地治理天下，不需退隐江湖就心境闲暇，不用舒活经血而自然长寿，全部忘掉一切而又能拥有一切，时刻保持宁静坦然的心境，但一切美好的东西又都会伴随你的左右。这才是像天地一样的永恒之道，才是圣人无为的高尚品德。

老子则认为:“天之道，利而不害。圣人之道，为而不争。”自然的规律是有利无害的，圣人的规则是为给予而不是争夺。“夫惟不争，故天下莫能与之争。”只有与世无争，天下才没有人能争得过你。从以上老子的这几段话中可以看出，老子认为“圣人”应该具备的最基本品格是“不争”和“无为”，一切顺其自然，不争功夺名。庄子继承了老子的“无为”思想，他在《庄子·天道》中写道:“夫帝王之德，以天地为宗，以道德为主，以无为为常。”这段话的意思是说帝王的德行应该以天地为根本，以道德为核心，以无为为本。君王在治理天下时应该遵循无为而治，并且顺应自然发展的规律。

在中国传统竹文化中，竹以及人们使用的竹器被赋予跟老子与庄子思想中的“不争”“无为”一样的形象。竹林在民间象征着归隐避世，竹子象征着与世无争、淡泊名利。“虚静恬淡”正是竹所寓意的这种典型的人格品质。竹在中国古代也常常被人们当作评判君子品格的一个标准，只有具备竹所具有的节操才可以称得上是君子。竹的品性是古今文人雅士们所追崇与向往的精神境界。竹与老子和庄子的“圣人”思想相通，对后人都有深刻的影响，无时无刻不提醒我们要不断地修身养性，升华自身的德行与品性，领悟人与自然的关系，正确地对待大自然，维护我们的生态和谐，这才是美的最高境界。

3. 返璞归真，道法自然

“返璞归真，道法自然”是道家所推崇的审美理想。老子认为自然就是真，不能加以任何的修饰与束缚，提倡真情的流露。《老子》中说：“见素抱朴，少私寡欲。”“朴”是“朴素”，这里所说的“抱朴”是指去除后天的所有装饰，回归到朴素之道，去除对名利的欲望。庄子继承了老子的思想，认为无欲无求天下就会繁荣，无所作为自然万物就会顺其自然的发展，谨慎小心人心才能安稳。庄子认为“真”才是最美的体现，《庄子·渔父》中提道“真者，精诚之至也。不精不诚，不能动人。故强哭者，虽悲不哀，强怒者，虽严不威，强亲者，虽笑不和。真悲无声而哀，真怒未发而威，真亲未笑而和。真在内者，神动于外，是所以贵真也。”[1]

真就是精诚的极致，不精不诚就不能够打动人，所以勉强流下眼泪的人虽然外表悲痛其实并不哀伤，勉强生气的人虽然外表严厉其实内心并不威严，勉强对你热情的人虽然外表友善其实并不和睦。真正的悲伤没有哭声，真正的愤怒未发作而威严，真正的热情未笑而友善。真正的性情在于内心，神情流露在于外表，这就是看中真性情的原因。

竹子虚空、高洁、朴拙的品性正体现了老子和庄子的“返璞归真”思想，归隐避世、不问世事是圣人才能达到的心境，也是古今文人雅士们所追随的崇高理想与志向。魏晋时期的“竹林七贤”[2]就是主张老子和庄子的“清静无为”，他们常在竹林中饮酒、诵歌，每天与竹林为伴，借助竹的清高虚淡来净化心

---

[1] “渔父”为一捕鱼的老人，这里用作篇名。文章通过“渔父”对孔子的批评，指斥儒家的思想，并借此阐述了持守其真、还归自然的主张。

[2] 竹林七贤指的是三国魏正始年间（240—249年），嵇康、阮籍、山涛、向秀、刘伶、王戎及阮咸七人，先有七贤之称。因常在当时的山阳县（今河南辉县一带）竹林之中喝酒、纵歌，肆意酣畅，世谓七贤，后与地名竹林合称。

灵，竹子是他们的精神寄托，他们勇于打破和逃避世俗之恶，揭露和批判当时政治以及宫廷间的虚伪，展现自身的清新脱俗之气。在唐代常建的《题破山寺后禅院》这首诗中写道：“清晨入古寺，初日照高林。竹径（其他版本也见“曲径”）通幽处，禅房花木深。山光悦鸟性，潭影空人心。万籁此都寂，但余钟磬音。”诗中暗示了竹所蕴含的深刻寓意，竹林作为一个隐居者的形象出现，可以让人感受到竹所代表的与世无争的高尚情操。诗人借景抒怀，表达了想要忘却世俗、寄情山水的隐逸情怀。诗人在如此幽静绝美的自然环境中仿佛忘记了一切世俗的烦扰，与大自然进行心灵上的交流，进入了纯洁空灵的境界。这里的“幽”“空”“寂”都表现出竹林幽静、淡泊明志的心境。

三、儒家的生态美学思想与竹文化

1.“仁”和“礼”

儒家思想的核心是“礼”和“仁”。“仁”有一种天赋的道德属性，形成了社会伦理道德的执行规范。在儒家的思想中，一切事物都要以和谐、友好、仁爱的态度来对待，不能任意破坏和损耗人赖以生存的自然资源。首先，“仁”，即“爱人”，施“仁政”。在《论语·宪问》中有道：“君子而不仁者有矣夫，未有小人而仁者也。”“仁”是儒家思想的核心内容，孔子认为“仁”是最高的道德标准，也是最高的审美准则，当人具有“仁”的品性时，他便是具有完全品格的完美的人。其次，儒家思想中主张“礼”，强调了礼仪的重要性，包括政治制度和道德规范等。子曰：“殷因于夏礼，所损益，可知也；周因于殷礼，所损益，可知也。其或继周者，虽百世，可知也。”由此可以看出礼仪规范在历朝历代都是中华民族的立足之本和核心精神，是不会随着朝代的更迭而改变的，所以才能够不断地在中华民族的发展中延续并传承着。儒学的真谛其实在于“仁”和“礼”的统一，在行动和思想上都要受到道德的约束，道德规范是人与社会最重要的桥梁。孔子主张的“仁礼”思想与人们所赋予竹的精神意义具有共通之处，竹是一切优秀的道德品质的象征，也就使得竹成为评价一个人的道德标准。各个时代的文人雅客常把竹作为典范，审视自身是否具备竹所具有的道德品格，是否达到一个真正的君子的要求。竹的精神象征也给人们和社会带来了新的感悟与思考，人的道德行为规范和社会的道德秩序是相互依存的，因此，竹文化的价值在于给人与社会的和谐相处创造了良好的文化环境。我们也可以认为儒家思想是竹文化的启蒙与基础，而竹文化是儒家文化的发展与延续。

2. 君子比德

孔子用山水来类比仁和智，他认为万物的品性是相等的，因此花草山水常用作比喻君子的德行。山代表着可靠、稳固的形象，而水则象征柔和、刚柔并济的性格，有智有仁的人就具备了山和水的特质，是儒家人格的最高理想。儒学中“克己复礼”的主张强调伦理道德上的人格修养，是需要不断地磨炼与提升自身修养才能够达到的境界。孔子喜爱游山玩水、亲近自然，他认为这样可以让人更加心胸开阔，得到精神上的升华，从而获得像大自然一样的道德品性。竹的形象正直、虚心，正是“德”的代表。历代文人咏竹、画竹时也是以竹喻身，用竹子来赞扬那些清高正直的形象。子曰：“君子矜而不争，群而不党。”真正的君子应具有谦逊的品质，行为庄重，团结和睦。竹在中国传统文化中象征着默默无闻的形象，它坦诚无私、不炫耀、不奢求，远离城市喧嚣，潇洒自然，正是孔子主张的谦逊礼让的君子形象。

中国竹文化还蕴含了庞大的教化力量，继承发展了儒家的德育思想。孔子开创了“比德”的诗性教育，子曰：“岁寒，然后知松柏之后凋也。”孔子以松柏来比喻刚正不阿的人。诗人郑板桥一生热衷于画竹、咏竹，重视以竹来提高自身的道德修养。郑板桥在《篱竹》中写道：“一片绿阴如洗，护竹何劳荆杞？仍将竹作笆篱，求人不如求己。”赞扬了竹子坚强独立的品格，以竹来勉励自己。他的“衙斋卧听萧萧竹，疑是民间疾苦声”，把对竹的情感升华到对百姓的关怀，从风吹竹叶的声音联想到百姓疾苦，体现出他体贴为民的为官之道。竹对人有着特殊的教化作用，它的教育方式体现在审美上，人们通过对竹文化的欣赏与了解，从而在精神上获得享受与升华，具有重要的德育价值。例如："未出土时先有节，便凌云去也无心""水能性淡为吾友，竹解心虚即我师""高节人相重，虚心世所知""任他雨露又风霜，四时不改青青色"[1]等这些诗句无不赞美了竹的坚贞、虚心、有节的高尚品格，点化了人们的智慧与品行。孔子认为精神上的享受远比物质享受要重要得多，《论语》中记载："子在齐闻《韶》，三月不知肉味，曰，不图为乐之至于斯也。"孔子听韶乐入了迷，都忘了肉的味道，说明孔子把韶乐当成是美与善的统一，他的思想境界与苏轼的"可使食无肉，不可居无竹"的境界是一样的。苏轼认为竹的高风亮节所带给他的精神上的熏陶比食肉的享受要大得多，可以看出竹文化也是中国道德教育中不可缺少的一部分。

四、禅宗的生态美学思想与竹文化

禅宗是佛教融入中国本土的佛教宗派，同时吸收了中国传统的儒家和道家以及玄学的有关理论，以禅立宗，以知性观照为本，禅宗思想中包含着丰富的生态美学思想，直接引导了中国传统审美品位的魅力和灵性。禅宗的生态美学思想主要表现在精神生态审美方面，也包含"天人合一""众生平等"在内的自然审美。自唐代以来，在寺院、园林等建筑或诗歌、绘画等艺术表现形式中，我们都可以体会到禅宗关于人与自然和谐共处的智慧。在古代山水画中，或空无一人，或将人融于山水之间，将人作为自然中的一部分而存在。禅宗尽管没有明确提出生美学态的概念，但禅宗所蕴含的自然审美观点中，却有着深刻的生态审美的意义。例如禅宗把人看作是自然中的人，强调人与自然的和谐共生，

[1] 郑板桥，扬州八怪之一，是清代比较有代表性的文人画家。其一生只画兰、竹、石，自称"四时不谢之兰，百节长青之竹，万古不移之石，千秋不变之人"。乾隆二十七年，画了一幅《竹石图》，图中一块巨石顶天立地，数竿瘦竹几乎撑破画面。右上角空白处题诗一首："七十老人画竹石，石更崚嶒竹更直。乃知此老笔非凡，挺挺千寻之壁立。"落款为："乾隆癸未，板桥郑燮。"郑板桥颠沛一生，不向各种恶势力低头，如磐石般坚强，如清竹般劲挺，如兰花般高洁。

进而引申出人与人、人与物、人与自我的和谐思想和理论，而“和谐”正是生态美学重要的审美因素。和谐是对人与自然、物质与精神对立消解的过程。和谐主张的是要达到一种融化物我、人与万物自然统一的境界，这种境界是一种人与自然的统一。和谐的境界是人对于内心生活的意义的探索，禅宗是达到和谐的一种非常细腻、丰富、缥缈的精神体验，也是一种超然的审美体验。禅宗美学观是以人与自然的结合为基础的传统生态美学的集中体现，其生态审美思想是人寻求生命终极自由的生活美学，同时也为现代生态美学的发展提供了重要的思想依据。

1. 生命之悟

禅宗极为关注生命自由的问题，通过内心得悟以获得个体的生命独立与解放。禅宗美学认为心性就是人性的灵光，也是生命之美的最高体现。中国著名的禅宗美学专家皮朝纲说过：“禅宗美学有着它十分独特的性质，它并非通常意义上的美学，也不是一般的艺术哲学，而是对人的意义生存、审美生存的哲学思考，或者说它是对生命存在意义、价值的诗性之思，是对于人生存在本体论层面的审美之思，因而它在本质上是一种追求生命自由的生命美学。”[1]禅宗崇尚心灵上的自由和随心的生存方式，这是对生命自由诗性的思考，本质上与艺术和审美一脉相通，艺术的本质也是通过个体心灵上的自由表达来达到一定的审美境界。禅宗的境界是从心出发，以达到主体与客体之间的和谐统一，追求的是内心的虚静空灵，它是一个没有矛盾和差别，自由而和谐的理想境界，是对生命的自我意识的张扬。

禅宗对生命的关注，和竹有着类似的体验。所以《竹经》中讲道，“竹不异禅，禅不异竹，竹即是禅，禅即是竹，受想行识，亦复如是。”竹生命力旺盛，

[1] 皮朝纲．丹青妙香叩禅心：禅宗画学著述研究．北京：商务印书馆，2012.

由笋苞潜地而行，逢春雨破土而生，拔节而长，由笋到竹是生命节节的蜕变。

生活在晚唐的邵谒寻访金谷园旧迹时，看到乱草荒竹，一片衰瑟，浮想往日佳丽，埋玉此地，无限的感慨弥漫纸上："竹死不变节，花落有馀香。"朱放的《题竹林寺》中说："岁月人间促，烟霞此地多。殷勤竹林寺，更得几回过。"俞陛云[1]评释说："尘寰营扰，倏忽中觉岁急于梭。山寺清幽，寂静中便日长如岁。此二句理想颇高，竹林胜地，诚可留恋，惜浮生碌碌，再来能有几回。"

明代初年的方孝孺[2]是一位著名的儒者，有"天下读书种子"的称誉，他应邀为江右学佛者北宗上人"竹深轩"作记，以儒学的比德传统融合禅宗的超俗之论，探讨了生命的哲学。

"夫竹之为物，其干亭亭然，其叶青青然，其色莹莹然，如苍玉然。涅之而不活，濯之而愈新，其与本真之性不染于物者，岂不同乎？草木之质皆自内实，而竹也洞焉而中虚，枵焉而有容。其与圆明虚寂、不碍于相、不窒于欲者，岂不同乎？方春气始和，震雷发声，交迭竞出，茁茁尔，挺挺尔，越月逾旬，脱其苞蘀，本体呈露，而与风生旧植，生无异矣，其不有同于顿悟倏成之道乎？

花卉之类，繁郁姱丽，非不可悦也，或朝舒而夕零，或春茂而秋悴；惟竹也，不以和煥变质，不以凛慄易操，岂弗与贞常不变者类耶？"

2. 心性之悟

禅宗美学的本体范畴是"心性"，心和禅是一体的两用，禅宗也被称为"心宗"，因此"悟心"成为禅宗美学的纲骨，"悟心性"也成为禅宗的标志，离开了"心性之悟"，禅宗美学乃至禅宗就没有意义了。"心性之悟"对于中国古代的造

---

❶ 俞陛云（1868—1950 年），字阶青，别号斐盦、乐静、乐静居士，晚号乐静老人、存影老人、娱堪老人，室名乐静堂、绚华室。浙江德清人，近代知名学者、诗人，并精通书法。

❷ 方孝孺（1357—1402 年），明代大臣、学者、文学家、散文家、思想家。

物文化以及造物过程中的灵感和审美的获得起到了一种有益的借鉴。禅宗的“心悟”在生态美学中主要表现是物与自然的人，以及人与自然的“心物感应”，从而达到与自然的相融，实现自我升华的境界。禅宗的开悟方式有渐悟与顿悟，“悟”无从而来。“悟”的审美价值是对个性心性的高扬，也是对个体自立的赞美。禅宗美学注重个体心性的挖掘，认为“众生皆有佛性”，只要可以明心见性，就可以“转凡为圣”。竹代表着禅宗中至净的一面，竹林乃文人、高僧心悟之圣地，正所谓“竹心方得禅，竹外斩思源。心意怎生得，在竹一瞬间”。

明代初年有位叫李思问的人住在繁丽的金陵城中。他的书屋前临大路，背靠污池，屋内狭窄得仅能容膝，“环而视之，惟古书数十卷”。他却以“听竹轩”命名这小小的书房。有人见此便问他，你这里根本无竹，怎么能叫“听竹轩”？他说正因为无竹，所以用听竹命名，倘若真有竹子，必待风挠之，雪凌之才能有声，然而风雪不常有，竹声也就不能时常聆听了。他进而又说，我的住处未尝有竹也未尝无竹，我未尝侧耳听也未尝不听，因为“悟而思竹，则竹环乎床帷之外；寐而思竹，则竹见吾梦；行而思竹，则竹盈于目。愁而解者，竹也；语而答者，竹也。吾琴，竹在琴；吾酒，竹在酒；吾箫磬，竹在箫磬。吾书而思竹，书有清幽闲雅之趣；吾诗而思竹，诗有琮琤飘洒之韵。吾方与子言，而吾之神游乎潇湘之北、洞庭之南。此皆竹之助也”。

3. 空性之悟

禅宗的思想基础是大乘佛法的空宗。大乘佛教经书《中论》第二十四品云，“众因缘生法，我说即是空。亦为是假名，亦是中道义”。事物都是因缘而生，随缘而起，随缘而灭，聚散离合，毫无定性，这是“空”的缘由。主空的自然观与看空的人格观相结合，产生了一门全新的美学：心造的境界——意境。

“禅宗看自然，一方面巧妙地保留了它所有的细节；另一方面，它却把同一个自然空化和心化了。由此审美观发生了质变，或者说，自然被赋予了新的意味。这种变化是潜移默化的，又是巨大的，它所贡献给中国人的，是一种极其精巧、空灵活泛和微妙无穷的精神享受，它重新塑造了中国人的审美经验，使之极度地心灵化，相对于庄子的逍遥传统，它也许可以成为新感性。”

“空”观是禅宗美学审美体验呈现出的重要特征，“空”观在禅宗中是个终极意义的概念，“本来无一物，何处染尘埃”，“空”是对“尘埃”的包容，“空”的实质是“真空假有”。竹子性空，有空悟之意，由此比喻成虚心、谦虚和包容，“空”不是空无一物，而是对有和无的超越。“竹似贤，何哉？竹本固，固以树德，君子见其本，则思善建不拔者；竹性直，直以立身，君子见其性，则思中立不倚者；竹心空，空以体道；君子见其心，则思应用虚受者；竹节贞，贞以立志，君子见其节，则思砥砺名行，夷险一致者。夫如是，故君子人多树之，为庭实焉。”

竹子像贤德之人，这是因为竹子的根稳固，稳固是为了确立竹子的本性，君子看见它的根，就想到要培植好坚定不移的品格。竹子的秉性直，直是为了站住身体，君子看见它这种秉性，就想到要正直无私，不趋炎附势。竹子的心空，空是为了虚心接受“道”，君子看见它的心，就想到要虚心接受一切有用的东西。竹子的节坚定，坚定是为了立志，君子看见它的节，就想到要磨炼自己的品行，不管一帆风顺还是遇到危险时，都始终如一。正因为如此，君子都喜欢种竹，把它作为庭院中的观赏物。

第三节　明清竹家具的生态美学特征

一、侘寂之美

“侘寂”的日语原文意思是外表粗糙，内在完美，寂在古语中也可写作“錆”，意思是“旧化，生锈”。字的原义固然是来自于中文。“侘寂”起源于中国宋代的道教，后来传入佛教禅宗。最初，侘寂被视为一种简朴、克制的欣赏方式。“侘”（wabi）在日语中的大致意思是“简陋朴素的优雅之美”，而“寂”（sabi）的意思是“时间易逝和万物无常”，是一种以轻松的心境看待短暂、自然和忧郁的人生。其实“侘”这个字在中国的古汉语中主要是指失意的、粗鄙的、贫穷寒酸的，再加上寓意孤绝、寂寥的“寂”，想来都身世薄凉。宋代后它鲜少有人使用，到了明清时期，随着一些文人对政治抱负的失意，转而归隐山林，他们开始崇尚“自适遵生”，在美学上的观念也由精致转变为朴素、淡雅，侘寂的审美情趣也从一个普通的贬义词日渐博大，逐渐成为影响着明清文人士大夫的品位与审美规范的古老理念。侘寂否定了华丽、鲜艳、烦琐与奢华这些概念，崇尚的是残缺之美、朴素、寂静、自然。

在明清竹家具的艺术生态美学中，“侘”并不是粗糙、简陋之意，而是虽然外表朴素但整体上追求自然的质感，即通过追求质朴的美感，从而摆脱物质牵绊的生活。明清竹家具的每条竹身都保持着它们最自然的状态，它们长在土里的时候有生命，当被切下来做成供人类使用的家具时，其生命的痕迹也不会完全消失，依旧在外表慢慢地变化着，从一种美蜕变为另一种美。这个过程本身并不张扬，是一种内敛的、从容的美的质变，时间的流逝不是把生命带走，反而带来了新的东西。我们理解明清竹家具的侘寂之美要从三个方面来分析。

1. 简约与朴拙

中国人很早就发现了自然美，对自然美有着独特的鉴赏力，并在自然美的欣赏中体验与天地宇宙契合无间的精神状态。对中国古典艺术审美观影响最大的是老子和庄子“道法自然”的生态美学原则，它崇尚自然、含蓄、冲淡、质朴与不事雕琢的天然之美，排斥镂金错彩的富丽美。老子主张“见素抱朴，少私寡欲”“信言不美，美言不信”。“素朴”是一种自然而然、不加伪饰的本真存在状态，老子认为只有素朴的存在状态才是人世间最美的。庄子也秉承了这样的思想，提倡“法天贵真”“淡然无极而众美从之”“素朴而天下莫能与之争美”“天地有大美而不言”，强调既朴也真的本然存在状态才是天地间大美本质之所在。但是，他们的理论在强调自然无为的天然本性的同时，并不完全否定人力的价值，他们认为，通过“心斋”“坐忘”等主观心理活动，自我实现了对现实存在的超越以后，便能与天地宇宙融为一体，领悟“道”的精神，合于自然天地运动的规律，达到智山无待的存在状态。只要能在精神境界上进入任其自然、与道合一的状态，领悟了宇宙自然的规律，那么，人工的努力就是顺应天地之道，就是不违背事物天性的，就能“既雕既琢，复归于朴”。这便是一种人工努力合于自然规律、合于天性的状态。

“拙”在《说文解字》中的解释为“拙，不巧也”;《广雅》中解释为“拙，钝也”;《老子》第四十五章提到“大真若屈，大巧若拙，大辩若讷”。可见“拙”更多是偏向于一种不灵巧的、偏贬义的意义；而“拙”在老子看来则是一种灵巧的极致，是大巧的一种状态，这里笔者更倾向于老子的看法。“拙”是一种大巧后的回归，是初心，是初始的自然状态，“抱朴守拙”成为这种朴素之美的核心所在。如图8-1所示，这把竹椅的整体造型结构朴素而简约，线条流畅，无繁杂装饰，朴拙之中透出简约之美。乍看平常不过，但细品之下，却可以发现其具有独特的魅力，一品一格乃至每一个细节都值得欣赏和推敲。竹椅的整体形态为框架结构，横向的构件为框，竖向的构件为架，横竖间穿插组合，每一个构件的设置都讲求物尽其用，绝无多余的赘件，以至于多一点则显繁复，少一点则不成完器，简约到了一种极致，我们随便拿一件明清时期的竹椅放在今天的室内，给人的感觉都像极了一件极简主义的当代艺术作品。

图8-1 民间靠背竹椅

明清竹家具中的“简约”绝不是“简单”，这种简约建立在侘寂和禅宗生态美学的思想基础之上。如《考工记》所载，“天有时，地有气，材有美，工有巧，合此四者，然后可以为良。材美工巧，然而不良，则不时，不得地气也。”“天时”和“地气”强调的是自然生态环境方面的因素，而“材美”和“工巧”则强调的是制造主体的审美等方面的因素。由此便可以看出，这种简约的背后蕴含了复杂的美学道理。

2. 禅意与空灵

侘寂之美与中国的禅宗文化有着千丝万缕的联系，侘寂中的很多美学观点都是以禅宗的美学核心作为例证的，因此侘寂也被称为“物化的禅宗”。“青青翠竹，尽是法身；郁郁黄华，无非般若。”法身、般若不在彼岸，而在此岸；不在未来，而在当下；在鲜活的翠竹和黄花之中得到呈现和读解。此处此时，竹已外化为心境，成为僧侣和文人寄托禅意的象征物。此时佛就是竹、竹就是佛。禅的意境或境界已从大自然的秀丽竹景中得到一种审美愉悦，一种摆脱俗务的宁静，一种了悟人生的安顿。图8-2是清代画家丁观鹏临摹明代画家仇英的《摹仇英西园雅集图》，从画中可以看出禅师所坐的椅子就是一张竹制禅椅。禅宗文化中以竹为伴，以竹建舍，以竹栖身，显然是借竹林的深幽雅致达到修身、养性、悟道的目的。当下诸多寺院深藏于竹林，一些寺院还以竹为寺名，如云南昆明的笻竹寺、江苏镇江金山竹林寺等。禅宗的主题思想是反理性主义的，这也正是明清时期文人士大夫所推崇的哲学理想。明代文人在宋元理学的基础上开创了以王阳明心学为代表的新思潮，心学批评修正了宋代理学中压抑的一面，增加了尊重自我心灵的内涵，雅俗文化、南北文化、中西文化的交流和碰撞，出现了前所未有的新变，形成了审美活动的新景观。另外，崇实朴拙、明体达用的学风和精神也蔚然成风，这些都对当时的造物文化和活动起到了重要的影响。禅宗思想在明代虽然逐渐出现式微的倾向，但是有明显的发展，一方面，

图8-2 清代 丁观鹏《摹仇英西园雅集图》（局部）

以四大高僧为代表的禅师将净土世界与审美的人生境界联系起来；另一方面，文人学者对禅宗的参与也扩大了禅宗的影响范围，尤其是对日本的美学文化产生了深远的影响。在禅的教义中，核心知识只能通过心灵相互传达，而非语言或文字，这就是所谓的“知者不言，言者不知”。禅悦之风成为晚明思想中的一股独特的清流。

禅宗思想对明清时期造物活动的影响在竹家具上体现得最为明显。明清时期的竹家具追求文质兼修的情趣和外表朴素的形象，不但依赖整体形态的空灵，部件间的虚实结合，各种造型线条的流畅与简洁，结构与接合形式的精致与巧妙，更依赖于竹材自然的色泽和纹理之美。因此，在竹家具中并无太多的装饰，就算装饰也只是起到画龙点睛、锦上添花之妙。其零部件的组合以线的构成为主，与大量的节点和编织而成的面构成了形式上的对比，这些线条若有若无、若虚若实，尤显空灵。加之重点考究其线条的优美，整体形态的一气呵成，以及强调在细微之处做一些恰到好处的变化，更显委婉含蓄，给使用者和欣赏者留下极大的想象空间，体现出一种虚无空灵的禅意。

3. 原生与残缺

老子说：“道之尊，德之贵，夫莫之命而常自然。”强调美在自然、美在本真，以及事物原始状态的美。恰恰明清竹家具所体现出的审美思想与表现十分符合此思想。

明清时期的竹家具以圆竹为主要材料制作而成。圆竹的自然形态各异，世界上没有任何两根竹材在形态、颜色、肌理上是相同的。明清时期的竹家具并不像同时期的硬木家具那样追求在材料、造型、结构、工艺上的完美，无论从使用功能还是色泽材料上来说，当时的很多竹家具都是不完美的，也可以说是廉价的、粗糙的，甚至从某种意义上来说是残缺的，但是这恰恰是明清竹家具的侘寂之美。侘寂之美的原生内涵与所谓的“原始艺术”有一些共同特点，即都将物体处理成粗糙、不矫饰的状态，而且都习惯依素材的天然原型来塑造形象。

图 8-3 民间竹椅

但与原始艺术不同的是，侘寂几乎不使用再现或象征性的手法。如图 8-3 所示，这是民间常见的一把竹椅，可以说在南方的很多地方都能看到它的身影，我们不能因为它的普通而忽略了它本身所具有的美学价值。

当竹材被切断后，竹节会被保留，竹节是竹子原生状态中最具美感和象征意味的部位，粗壮的竹节沉稳而有气势，小段的竹节秀美而不张扬，与其说是竹家具，倒不如说是一件充满生命精神的原生态雕塑作品。这种雕塑般原生态的艺术形态是任何材料都不能比拟的，被切断的竹材本身就具有一种残缺的美，仿佛是一种生命的坚强。在竹家具的局部和结构连接的地方有很多被挖空和火烧的痕迹，这些竹家具上的痕迹恰恰体现出“洗尽铅华始见金，褪去浮华归本真”的生态美学的内涵。在明清时期就有很多模仿竹家具外观、造型、结构、肌理的用名贵木材制造的硬木家具，这是一个很有意思的艺术现象。在中国明清时期的造物活动中，材质之间的模仿一般是利用便宜易得的材料去模仿珍惜名贵的材料，但是仿竹器却是一个特例，许多名贵的材料如玉、金银、象牙等都会被用在仿竹的造物活动中，而且模仿的大多都是竹子的原生状态，这也从一个侧面反映出明清时期的古人对于竹子原生状态的喜爱程度。

二、“惜材适用”的生态美学观

竹子生长速度快，成材率高，竹家具的制造和使用减少了木材在家具制造中的使用，减少了对树木的砍伐，尤其是一些珍贵的硬木，几乎已经被砍伐得濒临绝迹，而且树木的生长从栽种到成材可能需要几十年甚至上百年的时间，海南的黄花梨就是最好的例子。由于明清时期的过度砍伐，目前能够应用在家具加工上的海南黄花梨成材已经是凤毛麟角，价格也贵如黄金。因此，明清时期竹家具的制造和使用，与其说是对一种自然材料的开发和运用，倒不如说是一种生态伦理观和美学价值的体现。明清竹家具对竹材资源的合理利用主要体现在用材的“惜材”和“适材”上，具体表现在构件体量、各种竹材的搭配使用、巧妙地对材料“扬长避短”等几个方面。

明清竹家具的构件体量设计几乎减量到了极致。对于明清时期的工匠是否掌握了精准的力学强度计算方法目前并没有办法考证，但事实是无论是支撑家具的结构框架，还是起辅助和装饰作用的构件，其体量和截面尺寸都已减至最少。能够实现其用料最少的措施是科学巧妙的设计构思，而不是盲目地追求“细”“瘦”。例如，利用竹材火弯技术制作的圈口对力的分解，小径竹组成的牙板对多维受力的分担和稳定性支撑，更有精巧绝伦的各种缠接结构，使其构件能在最小的体量下发挥最大的结构强度效能。

“惜材”也是明清竹家具在设计和制造上常见的手法，所谓“惜材”是指使用过程中对珍稀材料的珍惜。尽管竹材并不是十分名贵的材料，但是古代的匠人在使用上也遵循着物尽其用的原则，尽最大可能对材料进行利用。“惜材”手段主要有三种。一是将最好的材料（如材形规整、材色纯正、纹理美观、规格尺寸较大等），用在竹家具最显眼和最重要的部位，如坐具的扶手、靠背、座面，柜类的正立面，床榻类的正立面，案几类的正面和桌面等。二是多种材料搭配使用，比如在制作湘妃竹家具时，由于材料比较稀少，所以材料一般事先都集中挑选出来，在使用时进行统筹。如图 8-4 所示，这是一对清代湘妃竹

图 8-4 清代 湘妃竹描金山水多宝槅

描金山水多宝橱。这件家具是由竹材、木材、天然大漆结合制作而成，家具的用材恰到好处，既体现出湘妃竹的材质之美，又最大限度地降低了材料的使用率，黑色的背板加上描金山水画巧妙地弥补了家具用材上的单薄，使整个多宝橱显得既整体又大气，成为清代竹家具十分难得的传世精品。

从上面的分析可知，明式家具设计在对木材资源的利用上发挥到了极致的水平，这充分体现了先贤们“道法自然”的生态设计观和科学观。

三、“天人合一”的自然生态美学思想

1. “天人合一”思想在明清竹家具上的体现

“天人合一”思想影响并贯穿于中国的审美和艺术观念之中，并成为中国传统的审美精神。中国的传统家具不管是木制家具还是竹藤家具，都包含和体现着中华民族传统的生活习性和审美情趣，具有深厚的本土文化气质和艺术美学内涵。它们拥有独具中华民族特色的造型、精妙奇巧的结构、凝聚着中国历代工匠的智慧和精湛的技艺。“天人合一”所蕴含的和谐生态美学观表现在明清竹家具上有以下五点。其一是在对材质的选择和使用上，明清时期的匠人根据长期生产生活的经验，选择粗大且质地坚韧的楠竹，色泽幽雅、肌理丰富的湘妃竹和其他丰富多样的竹材，以此来力求充分展示竹材的自然之美。其二，明清竹家具的结构和造型稳健凝重、简洁流畅，在视觉上给人以舒展、放松的闲适之感。其三，灵气。竹材中空，质轻而坚韧，线条间的穿插形式曲中有直、直中带曲，体现了情与理、动与静。竹家具不像木制家具般体重且固定在厅堂之上，它既可以放在庭院，也可以放在赋闲之时的林间，其身在自然之中毫无违和之感。其四，明清竹家具在整体的轮廓及装饰部件上讲求方中有圆、圆中有方。如图8-5

图8-5 清代 竹制圈椅

所示，这把清代竹制圈椅上圆下方的设计就是源于中国古代“天圆地方”“法天象地”的哲学思想。其五，明清竹家具有着严谨的比例关系，在各种尺度上都遵循人体结构，这也是受到当时硬木家具的影响，明清竹家具的外形比例、尺度与使用功能都是有机统一的，并力求达到形式与功能的和谐统一。

2. “天人合一”生态美学的形式

明代至清前期是中国家具艺术发展最为成熟的时期，特别是明中叶后，在经济发展和政治变革的呼唤下，文学、艺术、工艺乃至哲学、美学思想均表现出前所未有的新景观。与此同时，一大批文人雅士热衷于各种家具工艺的研究，并且将他们的哲学思想和审美情趣与之相结合，他们著书立说并参与到各种家具的设计和制作中，正是由于这些文人和知识分子的参与，才使得“天人合一”的生态美学思想得以更好地融入到家具设计中。硬木家具的发展也为竹家具的发展带来了契机，竹家具在造型、结构、工艺、装饰等很多方面都有硬木家具的影子，同时竹家具的发展也为硬木家具在造型、工艺上的突破提供了灵感。以珍贵木材仿制到处可见的竹材家具，反映了当时明代文人士大夫追求自然本真、内敛而不求外烁的美学心态。“天人合一”的生态美学思想在明清竹家具中体现出的是一种物化的状态，是人与自然的和谐，在物质和精神上双重选择所追求的美学境界。明清竹家具的造物活动在“天人合一”思想的影响下，形成了三个方面的审美特质。

（1）自然天成

“天人合一”中追求的人与自然的和谐关系以及人对自然的亲和感，深深影响了明清竹家具的自然美学观。清新、朴实、自然、不事雕琢而浑然天成的造物风格，成为明清时期匠人与文人苦心追求的最高境界。中国传统的造物观念向来注重自然事物的材质之美，中国最早的一部工艺文献《考工记》中曾记载：“天有时，地有气，材有美，工有巧，合此四者，然后可以为良。”意思是说，季节气候、地理环境、材料的自然美感、人工的巧作这四个因素相合，才能创作出精良的器物。这一思想深深影响了明清竹家具造物中的美学观念。明清竹家具在用材上多采用楠竹、麻竹、湘妃竹、紫竹等优质的竹材作为家具的主要材料。这些竹材坚韧而富于弹性，色泽朴素、幽雅沉着，纹理自然、变化丰富。为使这些优质竹材的自然质地和色泽能够完美地再现，明清竹家具在制作上完全采用竹楔、竹篾、藤条等天然的辅助材料，运用烤、煮、缠、围、磨等原始生态的技术工艺，将具有自然物性的竹与人最朴素、真挚的智慧、巧思、匠心完美地融合在一起，达到“虽由人作，宛自天开”的境界。

（2）道器并重

《周易•系辞上》中曰：“是故形而上者谓之道，形而下者谓之器。”在中国传统造物文化中，任何形式的造物艺术，包括竹家具的制作都不可忽视对道器关系的把握。中国古人往往重道轻器，甚至扬道抑器、存道废器，但明清时期造物文化中的竹家具制造则表现出道器并重的内涵。在明代文震亨所著的《长物志》中，就对道与器之间的关系做了深入的阐释，这里的“道”指的是造物的精神层面，“器”指的是造物的物质层面。“天人合一”中所蕴含的人与自然的和谐共生之道，在这里演化成了道器之间的辩证关系。

明清文人的重器，首先是重视造物活动中工匠，也就是“人”的力量和作用。当时的很多文人士大夫如李渔、宋濂等都十分重视工匠的生产劳动，他们将工匠纳入造物活动的考虑范围，使其成为造物活动中不可缺少的重要因素，这也与晚明工匠社会处境的变化有关。明中叶以来推行的“以银代役”制度使工匠得以从轮班赴京师服劳役中解脱出来，拥有了可以自己支配的时间和精力，成为相对自由和独立的小生产者。此时文人与工匠的关系也发生了变化，文人开始与工匠交往。工匠们精心加工制作的各类器物，如各种家具、瓷器、玉器等成为文人使用、收藏、鉴赏的佳品。同时，文人的批评赏鉴使工匠声名日高；工匠则受文人影响，多能舞文弄墨，作品也越来越带有文人的艺术气质，从而进一步提高了当时造物活动的艺术价值。其次是重视造物活动中的科技因素。在竹家具的制造中，明代匠人对家具各部位的长度、宽度、厚度等都有精确的数值规定，在干燥、火制、围架等过程中也有科学的计算和操作，这也与晚明文人对科学技术的重视与影响有关。如徐光启、宋应星等人都对科技进行了富有成效的探讨。徐光启著有《农政全书》，对传统的农业技术进行了总结，其中也包括一些竹器的制造。宋应星著有《天工开物》，对农业和手工业进行了全面的考察，该书被英国科技史学家李约瑟称为“中国17世纪的工艺百科全书”。

明清文人的重道，首先是强调造物活动中应遵循造物艺术的规律、法则和标准，讲求自然、如画、古朴和适宜，以及他们所追求的“天人合一”的境界、以人为本的造物理念。其次是提出了“百姓日用即道”的思想。这对当时明清竹家具的造物美学思想产生了极为重要的推动作用。因为，大多数的竹家具都属于民用之物，也就是百姓日常所用的器物。从道器关系上来看，“日用”本属“器”的层面，这里将其提升到“道”的高度来理解和认识，换一个角度来看就是将竹家具等民间造物活动提高了层次，实际上也就是将“道”与“器”统一起来，赋予“器”以本体论的合法性与合理性。甚至可以说，这里的“道”与“器”之间不存在孰优孰劣、孰高孰下、孰体孰用和孰本孰末之分，两者是平等的。“百姓日用即道”也符合人生存与发展的规律，只有基本的衣、食、住、行等物质生活有了保障，才能有精神层面的追求。当时的匠人和文人深受“百姓日用即道”思想的影响，他们认为重道与重器实际上是统一的。由于日用之物已经被视为“道”，因此很多官宦出身的文人士大夫也不避讳且热切地谈论各类物件的营造，并由此建构了一个庞大的造物体系。

晚明文人强调造物艺术的道器并重、道器合一，反对将道与器二元对立起来，而是重视两者的有机联系。器是载道之器，道是显器之道。没有器，道便虚无缥缈而无法显现；没有道，器便杂乱无章而缺乏韵致。因此，既不能离器而论道，也不能去道而言器。正是道与器的相互依存和相互作用，对明清竹家具的制造产生了质的影响，同时也推动着明清时期其他造物艺术的不断发展。

（3）以和为美

“天人合一”思想视宇宙为整体，视生命为整体，也视美为整体，这种整体观孕育了中国艺术“以和为美”的整体美学精神。“以和为美”意指在艺术创作中避免极端和片面，追求多种因素的有机融合。一件优秀的竹家具应该是浑然一体的，它具有超越各部分要素之上的整体美。以清代竹家具中的圈椅为例（图 8-6），优美曲线和方圆结合的造型是这组家具的主调，其他构件都与之相呼应、相衬托。如靠背和联帮棍都被设计成较大曲率的曲线，作为椅圈在垂直方向的衬托；椅腿的直线与椅圈的曲线形成强烈对比，使各自的线形特征更为突出；以靠背板上的如意团花为中心，把靠背两旁的立牙头、椅腿上端的角花牙，以及左右后面的牙板统一起来。这种小曲率曲线装饰又与椅圈、靠背等大曲率部件相呼应，起到统一基调的作用。这就是明清竹家具运用“和谐美”的成功典范。

图 8-6 清代 竹制圈椅（一组）

综上所述，“天人合一”的造物理念是中国传统文化和审美价值观的核心思想之一。它在传统造物领域的体现就是源于自然的造物观念，倡导效法自然，从大自然中获得造物启发。明清竹家具的发展根植于本土文化，自然深受中国传统自然造物观的影响。自然造物观在历史的洪流中经历了变革和整合，在明清竹家具上变得更加清晰明了。从思想上说，明清竹家具将意识性、艺术性的自然之“道”与功能性、技术性的生态之“器”完美地结合统一；从资源理念上说，明清竹家具取材自然，以“节材”“惜材”的原则确保可持续利用；从造物手法上说，明清竹家具无不体现着天然的竹材之美与设计意匠的融会贯通，于自然天成中蕴含了能工巧匠的创意和匠心。明清竹家具既是中国古代家具造物文化长河中不可忽视的一个支流，也是秉承中国传统生态美学观的代表和典范。

参考文献

[1] 潘知常，赵影．生命美学：崛起的美学新学派．郑州：郑州大学出版社，2019.

[2] 孙通海（译注）．庄子．北京：中华书局，2007.

[3] 陈澔（注）．礼记．上海：上海古籍出版社，2016.

[4] 刘志峰，刘光复．绿色设计．北京：机械工业出版社，1999.

[5] 麦克哈格 IL. 设计结合自然．芮经纬，译．北京：中国建筑工业出版社，1992.

[6] 邓南圣，吴峰．工业生态学——理论与应用．北京：化学工业出版社，2002.

[7] 岩佐茂．环境的思想．韩立新，译．北京：中央编译出版社，1997.

[8] 顾国维，何澄．绿色技术及其应用．上海：同济大学出版社，1999.

[9] 苏伦・埃尔克曼．工业生态学：怎样实施超工业化社会的可持续发展．徐兴元，译．北京：经济日报出版社，1999.

[10] 马克斯・韦伯．儒教与道教．洪天富，译．南京：江苏人民出版社，2003.

[11] 李永峰，等．生态伦理学教程．哈尔滨：哈尔滨工业大学出版社，2017.

[12] 方立天．中国佛教哲学要义．北京：中国人民大学出版社，2002.

[13] 大西克礼．日本侘寂．王向远，译．北京：北京联合出版公司，2019.

[14] 李欧纳・科仁 .Wabi-Sabi 侘寂之美．蔡美淑，译．北京：中国友谊出版公司，2013.

[15] 南怀瑾．禅宗与道家．上海：复旦大学出版社，2003.

[16] 张节末．禅宗美学．杭州：浙江人民出版社，1999.

[17] 李泽厚．美学四讲．天津：天津社会科学院出版社，2002.

[18] 王受之．世界现代设计史．北京：中国青年出版社，2002.

[19] NORMAN. 情感化设计．付秋芳，程进三，译．北京：电子工业出版社，2005.

[20] 伍斌．和风禅味：日本艺术的文化特征．北京：北京理工大学出版社，2008.

[21] 吴言生．禅宗哲学象征．北京：中华书局，2001.

[22] 铃木大拙．通向禅学之路．葛兆光，译．上海：上海古籍出版社，1989.

[23] 任浩，李木子，林若曦．明式家具的生态伦理审视．室内家具与装饰，2016（05）．

[24] 周曦，李湛东．生态设计新论——对生态设计的反思和再认识．南京：东南大学出版社，2003.

[25] 叔向．中国明式家具通览．济南：山东美术出版社，2010.

[26] 古斯塔夫·艾克．中国花梨家具图考．薛吟，译．北京：地震出版社，1991.

[27] 王圻，王思义．三才图会．上海：上海古籍出版社，1988.

[28] 杨红旗．生态家具技术体系的研究．中南林业科技大学，2007（06）．

[29] 何志刚．晚明苏式家具中的文人审美趣味研究．南京艺术学院，2019（05）．

[30] 段婧．基于中国传统生态美学思想的家具设计研究．北京林业大学，2018（06）．

[31] 刘春丽．禅宗美学思想对我国设计的启示——以日本家具设计为例．景德镇陶瓷学院，2010（05）．

结语

一把竹椅，感触了每个人坐落的体温，也曾丰满了岁月留声的记忆。昔日的老竹椅如今悄然失踪，天天相见的倚靠也已经一去不复返，亦如记忆早已蒙上一层灰。

在漫长岁月里，每个中国人身后都有一把竹椅。它可能是四四方方的小椅，也可能是几根竹条变成的靠背椅。它们静静待在院子里，和我们一样也享受着阳光，呼吸着清新的空气。主人劳作归来，顺势而坐，消除了一天的疲劳。竹椅寿命很长，从蹒跚学步到两鬓斑白，陪伴始终如一。旧时的老竹椅制作中规中矩，没有过多的造型，不用繁复地一步一步去打磨，也没有涂漆。一把新做的竹椅总是会有点毛糙。但是，时光是最好的打磨机，会慢慢让椅子变得油润、光滑。这就是竹椅的温度，是来自椅子主人的温度。它见过满头大汗的劳动者；它感受过乡邻的流利方言；它陪伴过古稀老者的童趣。

小时候搬一把竹椅，聚在一起听爷爷奶奶讲故事。嘴里咬着的是两分钱一根的冰棍。冰棍吃完了，故事还没结束。老一辈人的心酸史和苦难史，会随着冰水流入脑海，久久铭记，就像如今远离故乡的我们，记忆里还有一把老竹椅。

后记

本书是教育部人文社会科学青年项目《明清竹家具的设计美学研究》的研究成果。从 2018 年 9 月项目刚刚立项，我就开始着手对各种明清竹家具资料的收集。对传统竹家具的研究，尤其是对明清竹家具的研究，可以说在中国目前还是一个“冷门”。首先，传统竹家具在现代家具的大潮中似乎已经淡出了人们的视野，各种新型材料的家具产品占据了人们的生活空间，人们对传统竹家具的美学价值和文化内涵缺乏基本的认知。其次，传统竹家具的地域性很强，主要分布在南方的大部分地区，并且种类、材质、工艺等特征也比较分散，不成体系，这么多年来也没有人对其进行过系统的整理和研究。最后，也是最重要的一点：竹家具不像硬木家具那样可以留存长久，很多清代以前或者清代早期的竹家具实物早已无法保留，只能从绘画作品和明清的刻本插图中查找它们的形象，并依此进行分析和研究，难度极大。因此，在着手进行资料的收集和整理时，我才发现这是一项庞大而艰巨的任务。

在研究过程中，我在各大书店、图书馆、博物馆开始查找一切关于宋元明清绘画中和竹家具有关的资料。有的时候就因为一张有用的图片而买下整本图书。除了从图书中获取资料，我还走访了全国很多的旧货市场以及一切能和竹家具有联系的地方。我曾经为了拍摄几张清代竹家具的图片，坐飞机从黑龙江飞到上海的荟珍屋和善居上海。研究的过程虽然辛苦但是随着研究的不断深入，我看见了曙光。但是，天有不测风云，2020 年初的新冠肺炎疫情彻底地打乱了我的研究计划。由于出行受阻，导致考察、寻访、调研的任务全部搁置，只能将希望寄托于网络。于是我查阅了大量国内、外网站来收集资料，并进行整理、分类、分析、比较，最大限度地利用研究时间来弥补疫情对研究工作的影响。

在此期间，我得到了我的导师——东北林业大学教授、博士生导师宋魁彦老师的细心指导，为我指引了研究方向；我还要感谢我的现任领导——湖州师范学院艺术学院院长鲁海峰教授，他不仅在学术上给了我很多建议，在生活上也给予了我极大的帮助；我还要感谢我的同事韩超博士、杨子奇博士、李德君博士、刘学莘博士、宋莎莎博士及陈湘教授、张军教授、孙海佳老师、陈茂流老师等诸多好友同仁对我的帮助，他们的学术思想和专业眼光开拓了我的视野，使我能够从多个角度思考我所面临的问题。在和他们的讨论与争论中，产生了许多思想的火花，让我受益匪浅，那段携手共游、秉烛夜谈的时光永远值得怀念。

最后，我尤其要感谢我的妻子。在我研究、写作的过程中，她承担了大量的家务，使我有更多的精力去完成研究和写作的工作。当然，我同样要感谢我的儿子林感小朋友，他为我枯燥的学习、研究和写作增添了许多欢乐。

林峰

2020 年 9 月